3D 프린팅 고분자 소재

3D Printing
Polymeric Materials

| 김진국 지음 |

한티미디어

| 저자 약력 |

김진국

경상대학교 고분자공학과 교수

3D 프린팅 고분자 소재

발행일 2020년 3월 2일 초판 1쇄
2020년 8월 5일 2쇄
2022년 6월 10일 3쇄
지은이 김진국
펴낸이 김준호
펴낸곳 한티미디어 | 서울시 마포구 동교로 23길 67 3층
등 록 제15-571호 2006년 5월 15일
전 화 02)332-7993~4 | **팩 스** 02)332-7995
ISBN 978-89-6421-395-7 (93550)
가 격 20,000원
마케팅 노호근 박재인 최상욱 김원국 김택성
편 집 김은수 유채원
관 리 김지영 문지희
본 문 신설희
표 지 유채원

이 책에 대한 의견이나 잘못된 내용에 대한 수정 정보는 한티미디어 홈페이지나 이메일로 알려주십시오.
독자님의 의견을 충분히 반영하도록 늘 노력하겠습니다.
홈페이지 www.hanteemedia.co.kr | **이메일** hantee@hanteemedia.co.kr

---

PREFACE

3D 프린팅 기술의 발달로 소품종 대량생산에서 다품종 소량주문생산으로 제품의 다양화 및 개인의 요구에 맞는 제품으로 변화함에 따라 향후에는 개인화된 제품들을 직접 제작할 수 있다. 특히 인터넷의 발달로 데이터 전송은 기존의 제품의 전송을 의미하므로 생산 → 유통 → 소비의 산업 체제를 소비 → 생산 체제로의 변화를 가져올 것으로 전망된다. 3D 프린팅 기술 발전으로 인한 변화는 헨리 포드가 대량생산 시대를 열었던 것과 같은 혁신을 가져올 것이다. 이 변화를 저해하는 요소 중 가장 큰 것은 3D 프린팅 소재의 개발이다. 현재 사용되고 있는 소재는 몇 개로 한정되고 있어 다양화되지 못하여 산업화로 이어지지 못하고 있다. 3D 프린팅에서의 소재 개발의 중요함이 이 책을 집필하게 된 이유라고 할 수 있다. 2D에서 시작된 기술이 3D 프린팅을 넘어서 4D, 5D 프린팅 기술로의 발전은 미래의 인간 삶을 예측하기조차 힘들게 한다. 2D 프린팅의 경우와 같이 3D 프린팅에서는 프린터보다는 소재 산업이 더욱 활발할 것이다. 이와 같은 맥락에서 책의 구성은 3단락으로 나누어서 Ⅰ에서는 3D 프린팅 기술에 대한 이해를 돕기 위해 소개하였으며, Ⅱ에서는 3D 프린팅 소재, 특히 고분자소재에 대하여, Ⅲ에서는 3D 프린팅 응용 분야에 대하여 써 내려가 독자들의 이해를 돕고자 하였다. 이는 수년간에 걸쳐 교육자료로 정보를 수집하고 교육을 하며 또한 자체 연구를 통하여 나타난 결과를 종합하여 집필하였다. 오랜 세월에 걸쳐 정보를 수집하고 수정한 결과이기에 출처를 밝히는 데 충실하고자 하였으나 혹시 실수에 의하여 누락된 부분이나 잘못 표시된 부분이 있으면 양해를 구하는 바이다.

끝으로 책이 나오는 데 도움을 준 여러분과 출판에 도움을 준 김준호 사장님께 고마움을 전하며 향후 3D 프린팅 기술 발전을 통한 산업기술 혁신에 조그마한 도움이 되었으면 한다.

2020

저자

CONTENTS

Chapter 03 3D 프린팅 기술의 특허분석

Chapter 04 3D 프린팅에 의한 생산, 소비형태의 변화

Chapter 05 3D 프린팅 산업과 시장

Ⅱ. 3D 프린팅 고분자 소재

Chapter 06 3D 프린팅 고분자 소재

Chapter 07 3D 프린팅 방식의 고분자 소재 특성에 따른 불량 문제점

Chapter 08 향후 3D 프린팅용 고분자 소재

Ⅲ. 3D 프린팅 활용 분야

Chapter 12 의류, 패션 분야

Chapter 13 로봇 분야

I

3D 프린팅 기술

CHAPTER 01

3D 프린팅 기술

1.1 개요

3D 프린팅은 디지털 디자인된 정보를 받아 입체적인 형태로 Layer를 적층하는 방식으로 프린팅하여 간편하게 3차원의 입체적인 물체를 만들어내는 프로세스이다. 3차원 CAD(Computer Aided Design)에 따라 형상을 레이저와 분말재료를 사용하여 신속조형하는 기술을 의미하는 Rapid Prototyping에서 유래된 기술이다. 적층방식으로 하여 적층가공(Additive manufacturing)[1]이라 하여 기존의 입체적 물질을 만들기 위하여 자르거나 깎아내는 방식, 즉, 절삭가공(Substrative manufacturing)과 반대되는 개념이다.

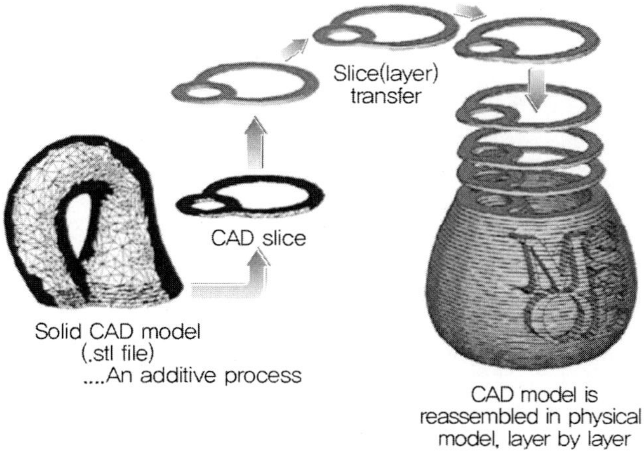

그림 1.1 Additive manufacturing(적층가공)[1]

미래 생산방식은 대량생산으로부터 맞춤형 다품종 소량생산으로 변화함에 따라 3D 프린팅 생산 방식이 적합하다는 이유에서 4차산업의 주역 중 하나는 3D 프린팅 기술이라 한다. 즉 3D 프린팅은 빠르고, 간편하며, 소비자의 요구대로 맞춤화하기 쉽고, 더 나아가 생산자가 아닌 소비자가 직접 상품을 만드는 것도 가능하게 되었다. 향후 '네트워크 + 3D 프린팅 + 새로운 소재'의 결합으로 제조업을 디지털화하여 전혀 새로운 방식의 생산 / 유통 /소비 방식으로 변화할 것으로 예상된다. 최근에 3D 프린터는 산업용뿐만 아니라 가정용까지 출시되면서 변화를 예고하였다. 세계 언론사들은 3D 프린팅 기술을 '3차 산업혁명'으로 평가하고 있다. **표 1.1**에 각 언론사의 3D 프린팅에 대한 평가자료를 정리하였다.

표 1.1 3D 프린터에 대한 주요 기관/미디어 평가[2]

기관/미디어	내용
Economist紙	3D 프린터가 내연기관과 컴퓨터에 이어 3차 산업혁명을 이끌 것
세계 미래 학회	"2013~2025 이래 예측 20" → 3D 프린터가 생산 혁명 유발할 것
세계경제포럼(WEF)	미래 10대 기술을 발표하면서 3D 프린팅 기술을 두 번째로 포함
Time紙	2012년 최고의 발명품 중 26종에 3D 프린터 포함
Foreign Policy紙	2013년에 주목받을 10대 뉴스로 3D 프린터 관련 뉴스
CNET	'Best of CES'의 하나로 3D Systems의 CubeX 3D 프린터 선정

1.2 3D 프린팅 기술의 역사

3D 프린터는 잉크젯 프린터와 비슷하게 작동한다. 차이점은 잉크젯 프린터가 평면 위에 그림으로 형상을 나타내는데 비하여 3D 프린팅은 원하는 물질을 이용하여 2차원 형태 위 평면들을 계속 적층함으로써 디지털 파일에서 입체적인 대상물을 만든다는 것이다. 3D 프린팅 소재로서는 플라스틱, 수지, 타이타늄, 금, 은 등과 다양한 고분자재료 등이 사용된다.

3D 프린팅의 기원은 1976년도에 잉크젯 프린터가 나오던 시기로 거슬러 올라갈 수 있다. 1984년도에 잉크젯 프린터의 개념을 발전시켜 잉크 대신에 재료를 프린팅하는 기술이 형상화되기 시작하였는데 Charles Hull이 디지털 데이터로부터 3D 개체를 인쇄할 수 있는 과정인 Stereo lithography를 개발하면서 본격적으로 시작되었다. 그 이후 30여 년 동안에 여러 산업체에서 다양한 3D 프린팅 기법을 개발하였는데 중요한 도약을 이루었던 시간대로 간략히 정리하면 다음과 같다.

- 1984년: Charles Hull (후에 3D Systems의 창립자가 되었다.) 수치적인 데이터를 입력하여 실제로 감지할 수 있는 3D 물체를 제조할 수 있는 인쇄공정(입체인쇄술)을 개발하였다. 이 기술은 도면으로 표시된 그림을 3D모델을 제조하는 기술로서 사용자들로 하여금 제품을 대량 생산하기 이전에 디자인을 하여 실제로 볼 수 있게 하였다. 즉, 제품의 사전 시험제작을 가능하게 하여 1986년에 SLA 제품이 출시되었다.

그림 1.2 최초의 SLA 장비[3]

- 1988년: Scott Crump에 의해서 FDM(Fused Deposition Modelling)이 고안되었는데 1990년에 3D printing 플라스틱압출가공기술이 Stratasys사에 의해 ~~용융~~침착 모델(Fused deposition modelling) FDM이라는 상업명으로 상업화되었다.

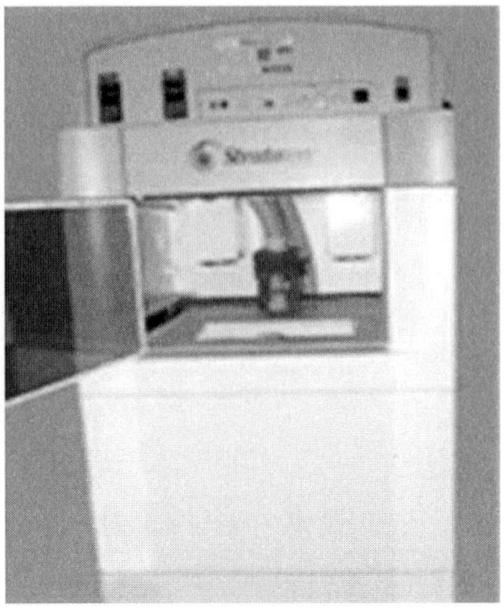

그림 1.3 FDM(Fused Deposition Modeling: Stratasys)[3]

- 1992년: 상업화된 SLA, 입체인쇄장치(Stereolithographic apparatus)가 3D Systems사에서 제작되었다. 이 공정은 UV 레이저를 이용하여 꿀과 비슷한 점도와 색을 띄는 광반응고분자를 고화시켜 층층이 적층시켜 삼차원 형상물을 제조하였다. 초기모델이라서 완전하지는 않았지만 이 프린터는 매우 복잡한 기하학적 형상물도 하룻밤 사이에 금형(mold) 없이 제조해 낼 수 있다는 것을 증명하였다.

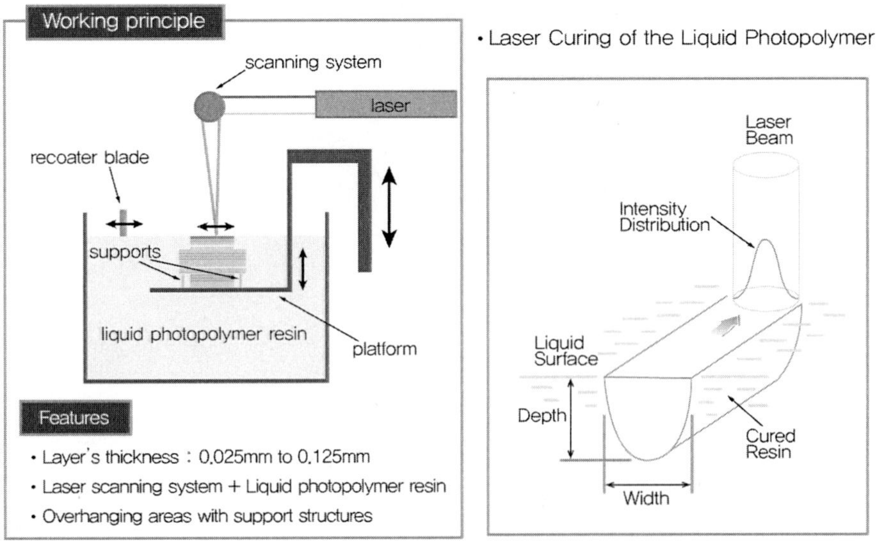

그림 1.4 SLA(Stereolithography Apparatus: 3D Systems)[4]

- 1994년: 플라스틱 SLS 기계가 EOS사에서 개발되어 소개되었다.

그림 1.5 플라스틱 SLS[3]

- 1995년: Z Corporation은 MIT에서 개발한 적층공정을 적용하여 그 당시로서는 이전 잉크젯 프린터의 잉크 대신에 재료를 적층한다는 의미의 3D printing(3DP)이라는 상표로 상업화하여 **그림 1.6**의 기기로 생산하였다.

그림 1.6 MJM(Multijet Modeling: Solid Scape)[3]

이는 2000년도에 Colar Binder Jeting 기계로 발전되었다.

- 1999년: 인공장기를 3차원 프린팅 기법에 의해 제조한 성형물을 실제 인체에 적용시켰다. 이는 콩팥세포를 증식시킨 후 3D 스캐폴드 위에 증식된 세포를 부착하여 수술환자의 소변배출대사를 대신하는 데 사용하였다. Wake Forest Institute의 재생의약 과학자들은 다른 여러 인공장기들을 제조하는 공정을 개발하여 바이오 3D 프린팅 시대를 열었다. 이들 인공장기들은 환자 자신의 세포로 이루어져 있어서 다른 인공장기들에서 나타나는 신체 면역 거부반응이 나타나지 않는다는 장점이 있다.
- 2005년: Bath 대학의 아드리안 보위박사는 'RepRap 프로젝트'를 출범시켰다. 'RepRap 프로젝트'는 3D 프린터가 스스로 자기부품의 대부분을 제조할 수 있게 하여 프린터의 자기복제가 가능하게 하는 프로젝트로서 이를 통하여 부품제조사들이 쉽게 부품을 만들고 보급하여 모든 사람들이 일상생활에서 필요한 제품을 스스로 디자인하고 만들 수 있게 하는 프로젝트다.
- 2006년: University of Texas 연구팀에 의하여 최초의 SLS(Selective Laser Sintering, 레이저선택소결) 공법을 적용한 프린터가 개발되었다. 이 프린터는 레이저로 원재료를 녹여서 3D 형상물을 제조한다. SLS 공법을 사용함으로써 산업적으로 필요한 부품의 대량생산이 가능하게 되었다. 같은 해에 Objet사는 여러 종류의 물질(탄성체 및 고분자재료 포함)을 사용할 수 있는 Polyjet 3D 프린터를 개발하였다. 이 프린터를 사용하면 단일 부품 내에서도 서로 다른 밀도 및 특성을 가지는 부품을 생산할 수 있다.

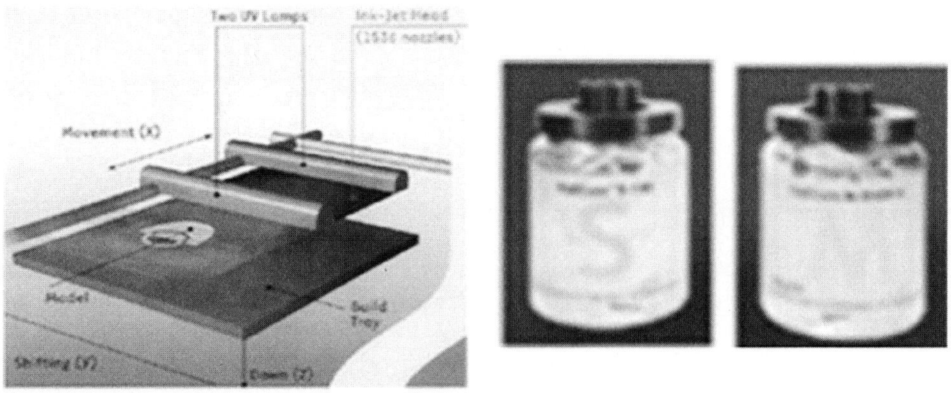

그림 1.7 Polyjet Process: Object Geometries[4]

- 2008년: Shapeways사는 개인용 프린터를 출시하여 예술가, 건축가 그리고 디자이너들이 손쉽고 값싸게 새로운 창작물을 제조할 수 있게 하였다.
- 2008년: 최초로 무릎, 발, 관절판 등 모든 것을 연결체 없이 3D 프린터로만 제작한 의족을 장착하고 걷게 되었다. 이런 의족 및 의수 등을 3D 프린팅으로 개개인별로 필요한 상태에 따라 맞춤으로 제작해주는 Bespoke Innovations사가 설립되었다.
- 2009년: 3D 프린터의 구성재원을 공개하는 회사인 Maker Bot Industries는 DIY kit (사용자 스스로 프린터를 만드는) 부품을 팔기 시작함으로써 소비자들이 스스로 프린터를 만들고 그것을 이용하여 부품을 제조할 수 있게 하였다. 같은 해 Bioprinting Innovator Organovo는 3D 프린터를 이용하여 최초의 혈관을 제작하였다.

그림 1.8 Bioprinting Innovator Organovo사의 인공혈관[5]

- 2011년: University of Southhampton의 연구자들은 캐나다에서 열린 'TEDx Winnipeg Conference'에서 세계 최초의 3D 인쇄된 비행기를 제작하였다. 이 무인 비행기는 5,000파운드(1천만 원)의 비용으로 약 1주일 만에 제작되었으며 3D 프린터를 사용하여 곡면형으로 휘어진 날개를 제작함으로써 부력을 많이 받고 와류를 줄이게 설계되었다.
- 2011년: Kor Ecologic사는 'TEDx Winnipeg Conference'에서 Urbee라는 자동차 몸체를 3D 프린터로 제작하여 선보였다. 이차는 상업적으로 생산이 된다면 약 1천만 원에서 5천만 원대 가격이 될 것으로 보이며 그 경량성으로 인하여 연비가 아주 우수할 것으로 예상된다.

그림 1.9 Kor Ecologic사의 Urbee[4]

- 2011년: 금이나 은을 이용하여 귀금속 프린팅을 함으로써 보석장식품 제조업계에 저렴하면서도 유일한 디자인의 보석류 디자인을 가능하게 하였다.
- 2012년: U. Glassgow 과학자들은 3D 프린터로 새로운 화합물 반응기를 제조하고 바로 화학반응을 진행하여 새로운 화합물을 합성하고 동시에 분석하는 기법을 보고하였다.
- 2014년: The Super Draco사는 로켓엔진을 3D 프린터로 제작하였다. Arojet Rocket사는 3D printing 공정으로 제작한 엔진의 성능실험에 성공하였다.

그림 1.10 The Super Draco사의 로켓엔진[6]

- 2015년: 소프트한 재료인 실리콘, 폴리우레탄을 프린트할 수 있는 다중재료 Carbon 3D사에서 DLP 프린터가 개발되었다.

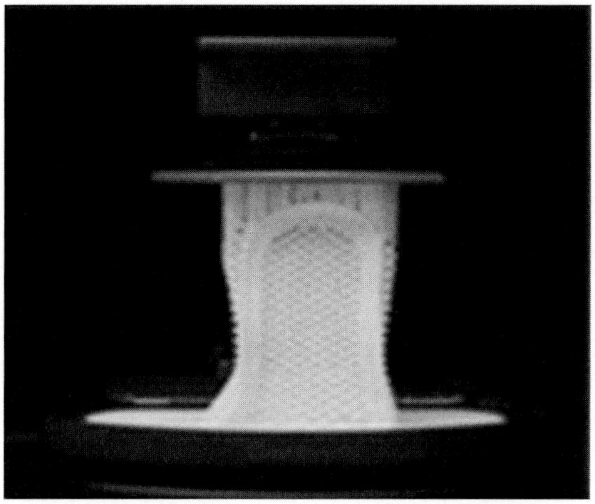

그림 1.11 고속-다중재료 DLP(M2 Printer)[3]

- 2018년: 다양한 색깔을 빠른 속도로 프린팅하는 Full color 고속 Jet fusion이 HP 사에서 개발되어 SLS 대비 10배의 속도로 프린팅할 수 있다.

그림 1.12 Full color 고속 Jet fusion[3]

1.3 3D 프린팅 기술방식

3D 프린팅의 기본원리는 얇은 층을 쌓아올려 입체적인 형태의 물건을 생성시키는 원리이다. 이를 위하여 여러 가지 방식으로 개발되었다. 적층방식은 압출, 분사, 광경화, 분말소결, 인발, 시트접합 6가지로 구분되며 이용 활용되는 프린터 소재로는 고분자, 금속, 종이, 세라믹 등 다양하다. 현재 가장 많이 활용되고 있는 3가지의 대표적인 기술은 액체기반 3D 프린팅 기술로서 3D Systems사의 SLA(Stereolithography)가 대표적이며, 분말기반 3D 프린팅 기술로는 텍사스 대학교에서 개발한 SLS 방식이 해당된다. Stratasys사에 의해 개발된 FDM 방식은 고체기반 3D Printing 기술의 대표적인 프린팅 기술이다. 각 기술 방식의 장단점을 **표 1.2**에 정리하였다.

ASFM F2792-12a의 7가지 방식 중 위 **표 1.2**에 소개된 3가지 외에 재료를 연속적으로 접합시키는 LOM(Laminated Object Manufacturing), Polyject 방식(잉크젯과 광경화 방식 혼합), 마스크 투명 이미지 경화방식인 DLP(Digital Light Processing) 등이 개발되어 있고 고출력 레이저 빔을 이용하여 금속 분말을 녹여 붙이는 DED(Direct Energy Deposition) 방식을 **표 1.3**에 정리하였다.

표 1.2 3D 프린팅 주요 기술의 소재별 특성 비교[7]

<table>
<tr><th>방식</th><th>소재</th><th>인쇄 원리</th><th>장점</th><th>단점</th></tr>
<tr><td>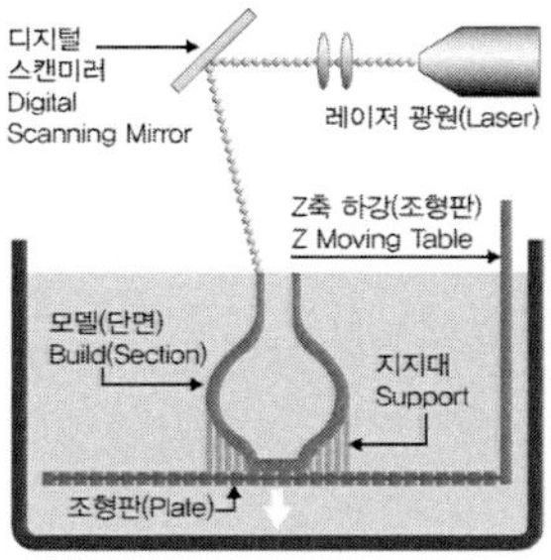
SLA/광경화수지 조형
(Stereo Lithographic Apparatus)</td><td>액체기반
포트폴리머
(광중합체)</td><td>광경화
광경화성 액체 플라스틱이 들어있는 수조에 UV레이저를 투사 출력될 형태만 고체화 시키는 방식</td><td>정교한 출력 기능, 매끄러운 표면</td><td>• 고비용 출력물 크기 제한
• 조형물 강도가 약함
• 광경화 재료로서 한정됨</td></tr>
<tr><td>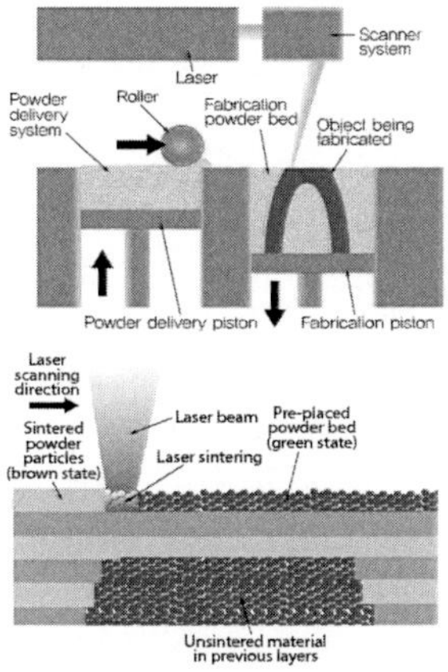
FDM/압출 적층 조형
(Fused Deposition Modeling)</td><td>고체기반
열가소성
플라스틱
(PLA, ABS)</td><td>압출
필라멘트 형태의 얇은 플라스틱 실을 노즐 안에서 녹여 아래부터 위로 한 층씩 쌓아 나가는 방식</td><td>비용 절감 우수, 출력물 내구성 강함, 원료 수급 용이 다양한 소재</td><td>• 거친 출력물 표면
• 제작속도 느림</td></tr>
<tr><td>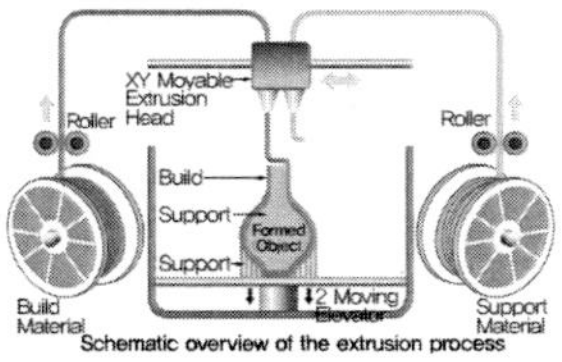
SLS/선택적 레이저 소결 조형
(Selective Laser Sintering)</td><td>파우더기반
플라스틱,
금속류,
세라믹 분말 등</td><td>Gramular Sintering
파우더가 담겨있는 베드에 레이저 빔을 쏘아 얇은 막을 형성하는 원리,
막의 형성 후에 다시 파우더를 뿌리고 레이저를 쏘는 과정을 반복하여 형태를 완성</td><td>금속 출력 가능, 원가절감효과 내열성 우수 조형속도 비교적 빠름</td><td>• 고비용 전문기술 요구
• 표면처리 공정 필요</td></tr>
</table>

표 1.3 3D 프린팅 기술의 소재별 특성 비교[7]

방식	소재	인쇄원리	장점	단점
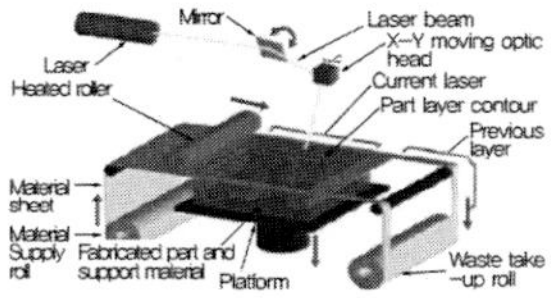 LOM (Laminated Object Manufacturing)	시트접합 고체 종이, 플라스틱, 고체	라미네이트층을 접착제로 접합하여 적층	• 저렴한 제조비용 • 후공정 불필요	• 내구성 약함 정밀도, 표면조도 떨어짐
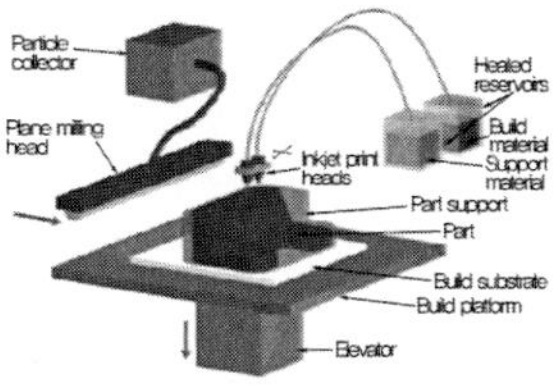 Poyljet	액체기반 광경화 고분자	Jetting(분사) 프린트헤드의 수백 개의 미세노즐에서 재료를 분사함과 동시에 자외선으로 경화시켜 적층시키는 원리	• 조형물의 품질우수 • 지지대를 워터젯으로 제거	• 높은 비용
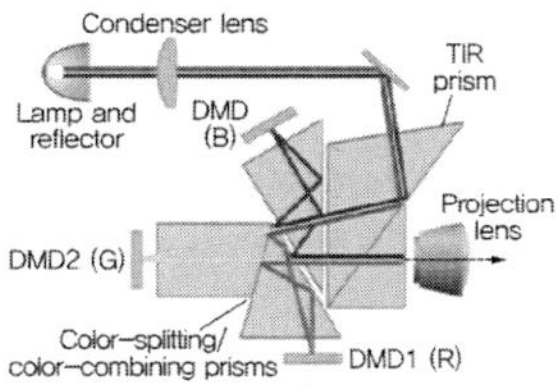 DLP (Digital Light Processing)	액체기반 광경화 고분자	Jetting(분사) 액체상태의 광경화 수지에 조형하고자 하는 모양의 빛을 Digital Light projetor에 투사하여 적층하는 원리	• 지지대가 필요 없음 • 표면조도 우수 • 속도 비교적 빠름	• 조형물 크기 작음 • 원료 제한적
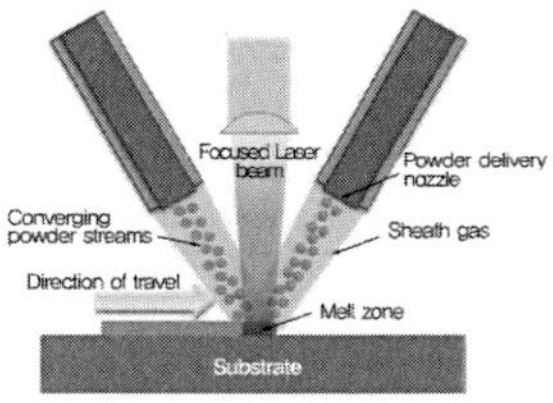 DED (Directed Energy Deposition)	고체기반 금속 분말	• 고출력 레이저빔을 이용하여 금속분말을 녹여 붙이는 식으로 적층 • 지지대 역할 금속표면에 레이저빔을 조사하여 일시적으로 용융풀을 생성하고 여기에 금속분말 공급하여 층을 형성	• 일반산업용 금속 분말 사용 가능 • 제품 강도 우수	• 표면 조도 나쁨 • 제작비용 비쌈

1.4 3D 프린팅 핵심기술

3D 프린팅은 **그림 1.13**에 나타낸 것과 같이 모델링, 프린팅, 후처리 과정을 통하여 이루어진다. 모델링 공정은 CAD 등의 컴퓨터 그래픽 설계 프로그램을 이용해 물체의 모양을 3차원으로 구성하는 단계로, 물체를 스캔하거나 디자인하여 데이터로 변환하는 기술이 핵심기술이다. 프린팅 공정은 디지털화된 파일을 불러들여 무수히 많은 얇은 층으로 데이터를 분석하고 조형을 하는 단계로, 해상도 및 제조시간 등을 개선시키기 위해 필요한 기술이다. 원료를 데이터 분석에 따른 위치에 맞게 분사하고, 이를 경화시키기 위해 필요한 에너지원을 제어하는 난이도 높은 기술을 필요로 한다.

그림 1.13 3D Printing 프로세스[4]

후처리 공정은 표면의 불순물을 제거하거나 매끄럽게 하는 과정으로 코팅, 페인팅 과정을 거쳐 결과물로 완성되며, 최근 프린터에 후처리 공정을 일체화시킨 기술이 개발되고 있다.

향후 특히 주목을 받는 기술 분야는 소재개발 분야인데, 프린팅 공정에서 사용되는 기술의 방식과 수요산업에서 필요로 하는 제품에 맞추어 개발이 필요하며 고부가가치를 창출하는 합금, 바이오 소재 위주로 연구 개발되고 있다.

표 1.4 3D 프린팅 단계별 요소 기술[8]

분야		요소기술
모델링(소프트웨어)		3D 디자인 변환, 3D 스캐닝, 3D 디자인 SW 등
프린팅	분사 · 인쇄기술	미세노즐, 미세분사 기술 등
	에너지원	에너지원(열, 레이저, 전자빔 등) 출력 및 조절기술
	위치 · 제어기술	정밀 위치제어, 고속제어 기술 등
후처리		착색, 연마, 표면재료증착 기술 등
소재		적정융점 및 경화 제어기술 등

표 1.5에 소재별로 정리하였는데 고분자수지의 경우 플라스틱, 유리섬유, 카본화이버와 같은 복합재료 등 거의 모든 재료가 사용되어, 시제품, 완구 등에 적용되고 있으며, 기술적으로 개발단계에 있다. 또한, 금속의 경우는 알루미늄, 티타늄이 많이 사용되어 의료, 기계부품 등에 적용되고 있으며, 이종재료 적층, 고정밀 적층, 적층률 향상 등에 초점을 맞춘 기술개발 초기단계에 있다.

표 1.5 3D 프린팅 소재의 적용[9]

소재	종류	적용 제품	비고
고분자수지	폴리스티렌, 나일론, ABS 등	패션, 완구, 시제품	기술개발 완성단계
금속	티타늄, 알루미늄, 코발트, 철 등	금형, 기계부품, 의료	기술개발 초기단계
기타	종이, 목재, 식재료, 고무 등	건축, 음식	–

소재 개발에 따른 3D 프린팅 기술경쟁력 현황을 보면 장비를 제조하는 업체에서는 자체적으로 개발한 소재를 공급하여 매출의 약 25~30%를 창출하는 산업구조를 형성하고 있어 장비와 소재의 동시개발이 필수적인 상황이다. 2012년 기준으로 업계 1, 2위인 Strastasys(美)와 3D Systems(美)는 매출의 25~30%를 소재 판매를 통해 획득하는 수익구조를 형성하고 있다.

소재는 각기 업체의 3D 프린터 특성에 맞게 개발되어야 하는 바, 장비와 연계되지 않은 독자적 소재 개발은 어려우며 이는 기술적 진입 장벽으로 작용할 수 있다.(**그림 1.14**) 이러한 이유로 현재 3D 프린팅 소재사들은 시장진입이 쉬운 소재개발에 매진하고 있다.

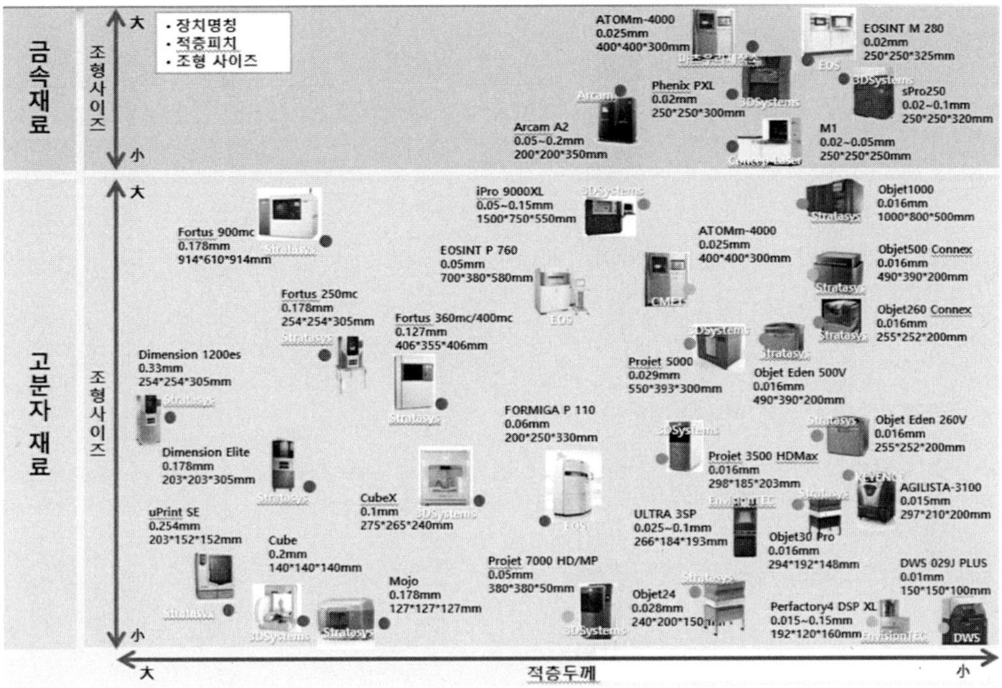

그림 1.14 주요 상용 3D 프린터[10]

참고문헌

1. ASTM F2792(미국재료시험학회) (2009)
2. IRS Global 신산업혁명을 주도할 3D프린팅(프린터 · 소재) (2016)
3. 한국고무학회 2018 하계 세미나 (2018)
4. 3D 프린팅 소재연구회 (2014)
5. Next Einstein Forum (2009)
6. NASA Spaceflight Forum (2014)
7. 한국과학기술정보연구원 (2016)
8. 미래창조과학부 및 산업통상자원부, "3D프린팅 산업 발전전략" (2014)
9. 한국산업은행 기술평가부 (2018)
10. 한국생산기술연구원 '3D 프린팅 기술 트렌드 및 플라스틱 부품 응용사례' (2018)

CHAPTER 02

특수 프린팅 기술 (바이오 프린팅, 4D 프린팅)

2.1 바이오 3D 프린팅

바이오 3D 프린팅은 다양한 세포로 구성된 인체의 조직과 기관을 바이오소재, 세포, 줄기세포 등을 3D 프린터를 통하여 3차원으로 만들어 손상된 인체의 조직과 기관을 대체하는 것을 목표로 제조하는 기술이다. 즉, 3D 프린팅 기술과 생명공학, 재료공학이 융합된 기술이다.

이러한 기술이 요구되는 이유는 **그림 2.1**에 나타낸 것처럼 장기기증자와 수혜자 차이가 점점 더 커진다는 이유이다. 손상된 인체의 조직과 장기를 대체하기 위하여는 유전자가 맞아야하고 이식된 장기가 잘 적응되어야 하는 문제점을 해결하기 위해서는 바이오프린팅 기술개발이 절대적으로 필요하게 되었다.

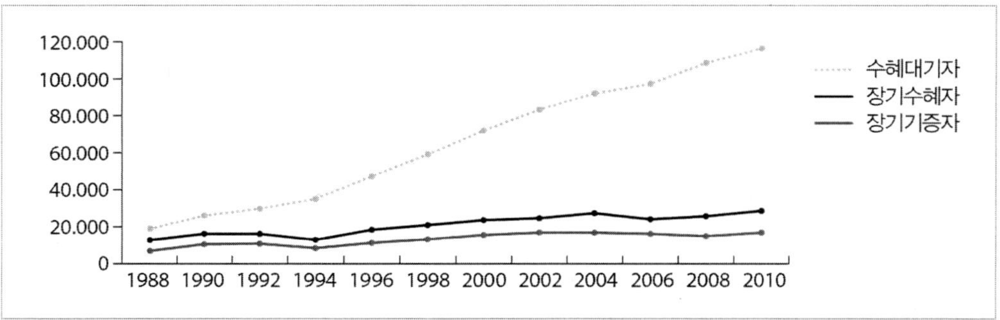

그림 2.1 연도별 장기기증자, 수혜자 현황[1]

바이오 3D 프린팅은 복잡한 구조의 인체조직과 기관을 컴퓨터 프로그램을 통하여 정확하게 맞춤형으로 구현할 수 있다는 장점을 가지고 있어 향후 바이오 3D 프린팅에 대한 기술은 매우 발달할 것으로 전망된다.

2.2 바이오 3D 프린팅 방식

(1) 잉크젯 기반 방식

압전기 또는 열을 이용하여 세포를 포함하고 있는 바이오잉크로부터 10-50㎛ 정도의 노즐을 통하여 분사하는 방식이다. 노즐하는 방식이기 때문에 바이오잉크는 10mPa · s 이하의 낮은 점성을 가져야 하며 10^6cell/ml 이하의 묽은 세포농도를 사용하여야 한다.[3]

현재 사용되는 바이오잉크로는 Poly(ethylene glycol) diacrylate와 alginate 등이 개발되어 있다.

(2) 압출기반 방식

압출기반 방식은 가장 보편적인 방식으로 공기압 또는 기계적 힘을 이용하여 주사기 속의 바이오잉크를 실모양으로 압출하여 3D 세포구조체를 만든다. 압출기반 프린팅에서는 점성이 노즐 방식에 비하여 30-60 10^6mPa · s로 비교적 높으며 세포도 고농도의 바이오잉크를 사용할 수 있다는 장점이 있는 반면 압출이라는 전단응력에 세포의 생존력이 견뎌야 하며 낮은 해상도(200-100㎛)를 가진다는 단점이 있다. 전단응력을 견디기 위하여 생체고분자인 agarose 또는 gelatin을 첨가하여 shear thinning[1)] 특성을 향상시킨다. 이 방식에 사용되는 소재는 필라멘트 형태의 재료가 적합하며 온도에 젤화되는 collagen, Matrigel 또는 광경화되는 gelatin methacryloyl, collagen

1) shear thinning: 고분자의 유변학적 특성으로 전단속도가 증가할수록 점성이 감소하는 현상

methacryloyl, hyualuromic methacrylate들과 Ca 이온으로 젤화되는 alginate 등이 있다.

ROKIT사에서 스캐폴드 & 바이오잉크 겸용 바이오 3D 프린터를 개발했는데 경조직용 스캐폴드와 연조직용 바이오잉크를 3D 프린팅하여 세포 구조체를 프린팅할 수 있는 3D 프린터이다. 스캐폴드는 조직으로 분화되어 인체조직의 이식을 위한 조직공학 연구에 활용될 수 있고, 콜라겐, 젤라틴, 실크 섬유, 히알루론 산 등의 하이드로젤 바이오잉크를 프린팅할 수 있는 특징이 있어 연구자들이 원하는 재료와 세포를 프린팅할 수 있는 복합형 바이오 3D 프린터이다.(**그림 2.2**)

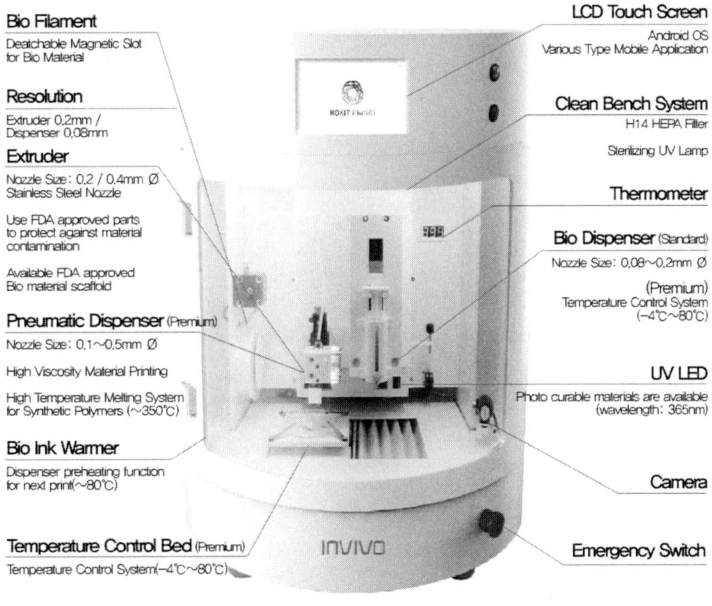

그림 2.2 ROKIT사 바이오 프린터 'INVIVO'[1]

(3) 레이저 기반 방식

레이저 기반 방식은 노즐이 필요가 없이 금 또는 티타늄의 흡수층과 바이오 잉크층으로 구성된 도너리본(doner ribbon)에 레이저 빔을 쏘여 방울을 생성하여 3D 프린팅하는 방식이다. 따라서 사용되는 바이오 잉크는 광경화성 재료여야만 하는 제한점이 있고 1-300mPa · s의 점성과 10^8cells/ml의 농도를 가지며 해상도는 10-100㎛이다. 레이

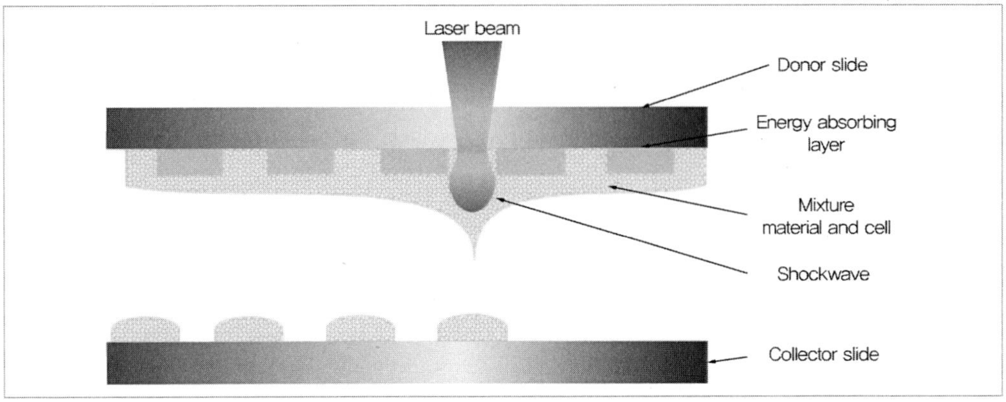

그림 2.3 레이저 기반 바이오 프린터[2]

저는 고에너지를 지닌 파장이기 때문에 열전도성이 나쁜 잉크가 세포를 열로부터 보호할 수 있어 바람직하다. Poly ethylene glycol diacrylate와 glatin methacryloyl 등이 잉크로 사용된다.(그림 2.3)

2.3 바이오잉크

2.3.1 바이오잉크 특성

(1) 인쇄적성

바이오잉크는 프린터에서 배출된 후 프린트된 형상을 유지해야 한다. 따라서 바이오잉크는 형상유지(shape fidelity)와 젤화(gelation)되는 특성을 가지고 있어야 인쇄적성(printability)이 있다고 말할 수 있다. 바이오잉크의 인쇄적성은 3D 모양의 구조체를 프린트하는 데 가장 중요한 특성 중 하나이다. 즉 프린터 노즐로부터 액체 형태로 배출되었다가 프린터 종이에 접촉하는 순간부터 프린트된 모양을 유지해야 한다. 프린트된 구조체가 구조적 안정성을 갖기 위해서는 바이오잉크는 전단감소(shear thinning)거동과 젤화 특성을 가져야 한다.[3,4] 전단감소거동은 전단응력이 바이오잉크에 가해지는 동안 바이오잉크는 프린트되며 프린팅 후 전단응력이 줄어드는 순간 바이오잉크는 원하는 형상을 그대로 유지하게 된다. 바이오잉크의 젤화는 물리적으로나 화학적으로 일어날 수 있는데 물리적 젤화는 이온결합, 수소결합, 분자 간 결합으로 발생할 수 있는 반면, 화학적 젤화는 효소(transglutaminase) 또는 화학물질들(glutaraldehyde, genipin, EDC(ethyl(dimethylaminopropyl) carbodiimide)/NHS(N−hydroxysuccinimide) 등) 또는 빛에 의한 화학결합을 통해 일어난다. 알진산(alginate)은 칼슘이온(Ca^{2+})하에 이온결합을 할 수 있어 바이오잉크로 활용되지만 세포부착능은 없다. 상용화되어 사용되는 Pluronic®은 온도감응성 소재로 37℃에서 젤을 형성하기에 바이오잉크 보조제로 활용된다. 젤라틴(gelatin)과 히알루론산(hyaluronic acid)에 methacryloylation시켜 빛에 의해 젤화되는 특성을 갖게 된 물질들은 고유의 생물학적 특성을 유지하고 있어 바이오잉크로 적합하다. 일반적으로 물리적 젤화는 삼차원 프린트된 구조체에 일시적인 구조적 안정성을 줄 수 있지만 장기간의 조직 배양을 위해 프린트된 구조물은 화학적으로 젤화시켜야 한다.

(2) 생물활성

바이오잉크는 세포적합성(cell−compatibility)과 생물활성(bioactivities)를 가지고 있어야 한다. 세포의 생존력(viability)을 향상시키고, 나아가 세포의 부착(adhesion), 성장(proliferation)과 이주(migration) 그리고 분화(differentiation)를 촉진하는 특성을 가져야 한다. 일반적으로 바이오잉크는 프린팅 프로세스 동안 열과 전단응력에 노출되어 바이오잉크 안의 세포는 생존력이 낮아지게 된다. 천연유래 바이오잉크들(collagen, Matrigel, hyaluronic acid 등)은 대체로 세포적합성과 생물활성이 좋은 장점이 있다. 전단감소특성(shear thinning properties)과 낮은 열전도를 갖는 수화젤과 같은 바이오잉크는 세포의 생존력을 향상시킨다. 기존의 프린팅 프로세스(압출기반, 잉크젯 기반, 레이저 기반 프린팅 프로세스)에서 바이오잉크의 세포 생존력은 80−95% 정도이다.[2] 또한 바이오잉크는 세포의 생존력 외에 세포의 성장(proliferation)/이주(migration)/분화(differentiation)까지 조절하는 특성을 가져야 대체하고자 하는 인체의 조직과 기관과 같은 기능을 할 수 있다. 세포의 성장과 이주를 위해서 바이오잉크는 세포부착을 촉진하는 펩타이드들(cell adhesion peptides: RGD (Arg−Gly−Asp), YIGSR (Tyr-Ile-Gly-Ser-Arg), KQAGDV (Lys−Gln−Ala−Gly−Asp−Val))이 포함되어야 한다. CELLINK A-RGD (CELLINK)와 Gel4Cell (Bioink Solutions) 바이오잉크들이 대표적인 세포부착 펩타이드를 포함한 제품들이다.[2-5]

2.3.2 상품화된 바이오잉크[3]

상품화된 바이오잉크들은 천연물질로 유래한 CollagenMA(collagen methacryloyl), GelMA(gelatin methacryloyl), alginate, HAMA(hyaluronic acid methacrylate) 등이 있으며 화학적으로 합성한 바이오잉크로는 온도감응성 고분자인 Pluronic®, Calcium phosphate(인산칼슘), PEGDA(poly(ethylene glycol) diacrylate) 등이 있다. **(그림 2.4)**

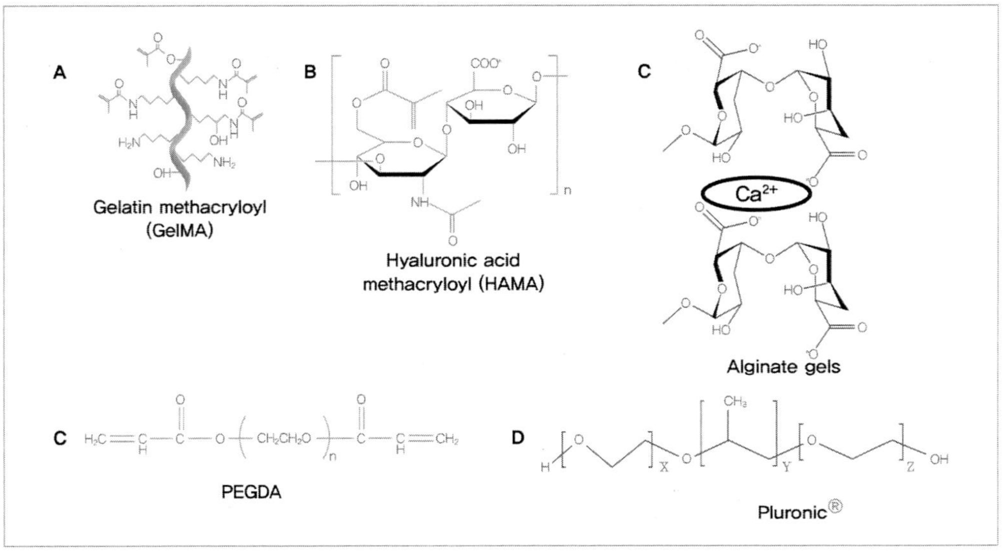

그림 2.4 대표적인 바이오잉크들의 화학구조[3]

(1) 합성 바이오잉크(PEGDA와 Pluronic®)

PEGDA(poly(ethylene glycol) diacrylate)은 수용성 합성 고분자로서 개시제 존재에서 빛에 의해 젤화된다. PEGDA의 제조방법은 PEG을 triethylamine 촉매와 함께 methylene chloride 용매에 녹인 후 acryloyl chloride을 첨가하여 합성할 수 있다. PEGDA 바이오잉크는 세포의 부착성과 생분해성이 없기 때문에 세포 부착 펩타이드

(RGD)와 효소분해 펩타이드를 첨가하여 활용된다. 4-armed PEGDA은 SH을 포함한 펩타이드 물질들과 Michael-type addition 반응과 빛에 의한 라디칼 반응을 할 수 있고 다양한 생물 활성 물질들을 첨가할 수 있어 앞으로 바이오잉크로 폭넓은 사용이 기대된다.[4] 또한 PEGDA의 물리적 젤화 특성 부여를 위해 Pluronic® 고분자를 추가로 첨가하기도 한다.

Pluronic®은 pol(ethylene glycol)-poly(propylene glycol)-poly(ethylene glycol)의 triblock 공중합체의 구조를 갖는다. Pluronic®은 낮은 농도에서 마이셀을 형성하며 F127와 같은 Pluronic®은 20% 이상의 농도와 37℃에서 젤화되는 특성이 있어 바이오잉크의 첨가제로서 활용된다. 아울러 Pluronic®은 acrylation 또는 methacrylation을 통해 광가교가 되는 바이오잉크로 활용될 수 있다.

(2) 다당류 바이오잉크(Alginate와 Hyaluronic acid)

Alginate은 해초로 얻어진 a-L-guluronic acid and b-D-mannuronic acid로 구성된 음이온 다당류의 한 종류이다. Alginate은 칼슘이온 하에서 빠른 가교를 할 수 있어 바이오잉크 재료로 활용된다. Alginate은 methacrylic anhydride(MAA)로 처리하여 이온가교 외에 광경화시킬 수 있는 이중 젤화 alginate 바이오잉크로도 활용된다. 다만 alginate 단독으로는 세포부착 특성을 줄 수 없기 때문에 RGD와 같은 펩타이드 또는 GelMA와 병행하여 사용된다.[4]

(3) 무기물 바이오잉크

뼈는 collagen fiber와 calcium phosphate(인산칼슘)로 구성된 복잡하고 정교한 구조를 갖는다. 이런 뼈의 미세환경을 모방한 바이오잉크로는 Gel4Cell®-BMP, CELLINK-bone과 Osteoink™들이 있으며 골 재생에 응용된다. Gel4Cell®-BMP는 gelatin 기반의 수화젤에 뼈 유도인자 BMP(Bone morphogenetic proteins)를 첨가하여 뼈 유도성을 향상시킨 바이오잉크로 Gel-linker®와 함께 사용하여 UV처리로 기계적 강도를 향상시킬 수 있다. CELLINK-bone와 Osteoink™은 calcium phosphate을 수화젤에 첨가하여 압출하여 프린팅이 되도록 만든 바이오잉크 제품들이다.

2.4 바이오 프린팅 응용

2.4.1 인공귀

미국 코넬대학교에서는 인공귀를 제작하였는데 제작과정은 어린이의 귀를 3D 스캔한 데이터에 기반해 '솔리드 웍스의 캐드' 프로그램으로 귀모양의 틀 7개를 설계하여 3D 프린팅하여 이 틀 속에 연골세포 2억 5천만 개와 쥐꼬리에서 추출한 콜라겐 담체(Carrier)로 만든 고밀도 겔을 3D 프린팅하고 인쇄가 완료되면 15분 후 틀에서 귀를 분리하여 며칠간 세포 배양액에 담가 배양시킨다. 그 후 3개월 내 연골세포가 증식, 콜라겐 담체를 대체하게 된다.

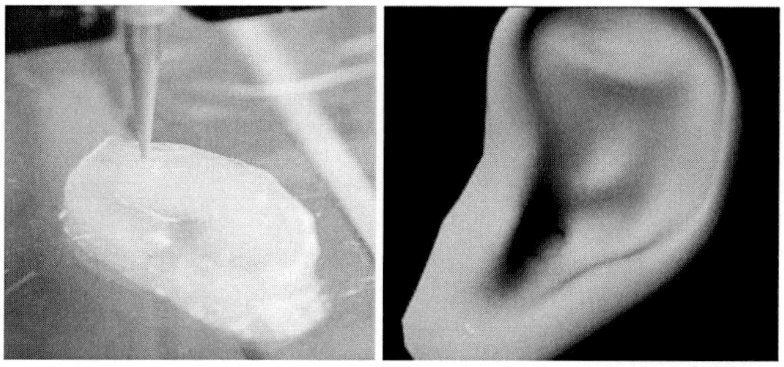

그림 2.5 프린터를 활용하여 코넬대학교에서 제작한 인공귀[4]

2.4.2 인공장기

조직과 장기들은 복잡하고 다양한 세포 구조로 이루어져 있다. 기존의 같은 조직이나 장기에서 탈세포화하여 배양하는 방법이 가장 만족도가 높지만 대량 생산이 어렵다는 단점을 가지고 있다. 인체를 구성하는 조직과 장기를 3D 프린팅을 통해서 연구되고 있는데, 그 중에서 바이오잉크는 살아있는 세포나 바이오 분자를 포함하며 바이오 프린팅 기술에 응용되는 소재로서 사람에게 무해해야 하며, 세포친화성이 우수하여야 조직과 장기를 대체하거나 약으로 응용할 수 있다.

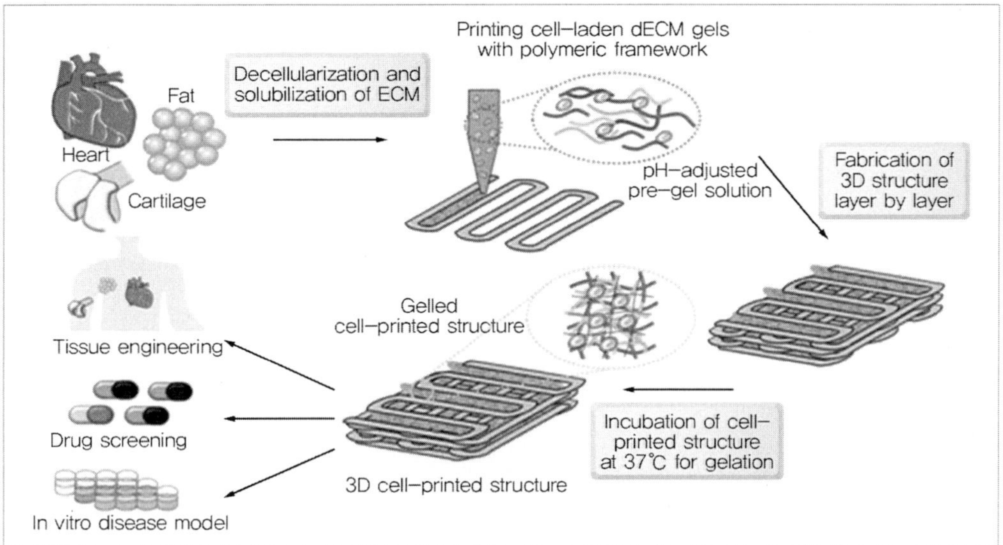

그림 2.6 dECM 바이오잉크를 사용한 프린팅 공정[3]

웨이크 포레스트 재생의학연구소에서는 인공신장을 3D 프린팅하였다. 우선 생체조직검사를 통해 신장세포를 얻어서 배양한다. 3D 프린터를 이용하면 이렇게 확보한 다양한 신장 세포들을 프린팅할 수 있으며 세포와 생분해성 소재의 담체를 동시에 프린팅하는 것도 가능하다. 프린팅이 완료되면 배양과정을 거쳐 환자에게 이식된다. 담체는 세포조직이 성장하면서 천천히 분해된다.

그림 2.7 웨이크 포레스트 재생의학연구소에서 3D 프린팅한 인공신장[5]

2.4.3 인공혈관

미국 MIT 및 펜실베니아 대학교에서는 인공혈관을 개발하였다. 오픈소스 3D 프린터와 전용 소프트웨어를 이용해 담체 안에 설탕 소재의 가느다란 필라멘트 망을 인쇄한 다음 옥수수에서 추출한 폴리머로 이 필라멘트를 코팅한다. 그런 다음 조직세포가 함유된 겔을 담체 안에 프린트한다. 각 부분의 정착이 이뤄진 뒤 물로 씻어내면 설탕이 녹으면서 혈액세포가 지나다닐 수 있는 빈 통로가 생긴다.

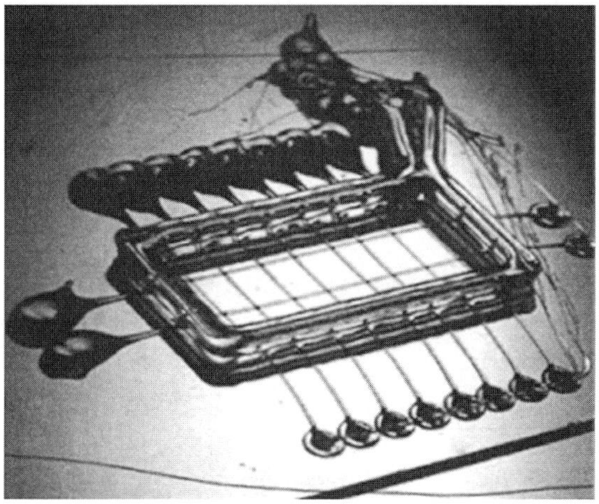

그림 2.8 3D 프린터를 활용하여 제작된 인공혈관[5]

2.4.4 인조피부

웨이크 포레스트 재생의학연구소에서는 새로운 피부를 3D 프린팅해 환부에 붙이는 방식을 개발하였다. 바이오 프린터로 환부를 스캔 및 매핑(mapping)한다. 그리고 2개의 잉크젯 밸브 중 하나에서 트롬빈 효소를, 다른 하나에서 콜라겐과 피브리노겐을 혼합한 세포를 분출한다. 여기에다 인간의 섬유아세포와 피부세포(각질형성세포, keratinocyte)를 각각 한 층씩 인쇄하면 된다.

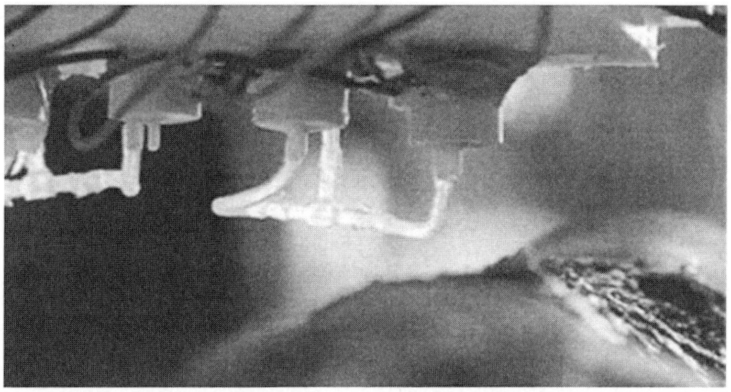

그림 2.9 웨이크 포레스트 재생의학연구소에서 개발한 피부를 3D 프린팅하는 기술[5]

토론토 대학은 MaRS 이노베이션과 협력해 모낭과 땀샘을 가진 이식 피부를 프린트할 수 있는 3D 프린터를 만들었는데 이 프린트는 환자의 성숙세포와 기타 생체물질을 초소형 기기에 주입시켜 몇 개의 채널을 통해 사출한다.

생체물질은 이후 혼합되어 살아있는 조직 내 세포 성장을 유도하는 얇은 막 같은 물질인 '모자이크 하이드로겔'을 형성하는 화학적 반응을 이끌어낸다. 이 하이드로겔은 조직의 여러 막을 생성할 수 있는 얇은 막으로 말려진다.

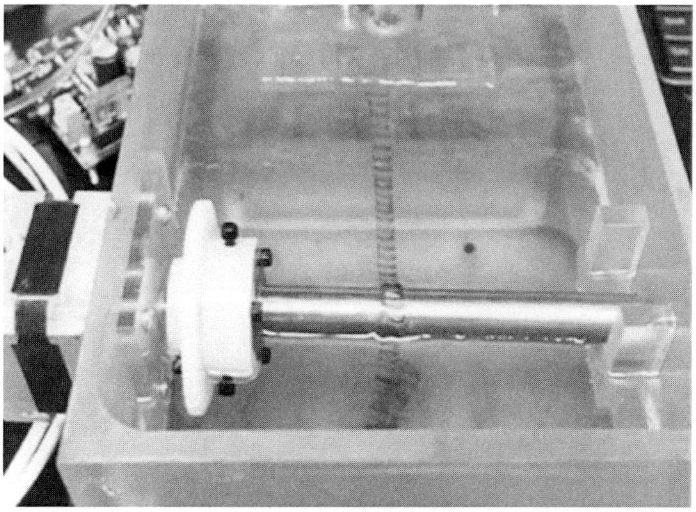

그림 2.10 이식용 피부 프린터[6]

2.4.5 인공뼈

미국 워싱턴 주립대학교에서는 세라믹 분말을 이용하여 인공뼈를 프린팅하였다. 인간의 뼈는 70%가 세라믹이어서 생체적합성이 우수하고 세포적합성이 매우 우수하다. 더구나 내마모성 및 압축강도가 우수하여 많이 사용되고 있으며 주로 알루미늄, 지르코늄, 티타늄, 인산칼슘의 혼합물이 사용되고 있다. 그래서 연구팀은 전기모터용 금속부품 제작에 쓰였던 3D 프린터를 이용해 새라믹 분말로 담체를 프린팅했다. 이후 잉크젯 프린터로 수지 점결제를 한층 인쇄하고, 1,250℃에서 2시간 동안 굽는다. 마지막으로 담채를 뼈세포가 들어있는 배양액에 담가 세포를 부착시킨다.

2.4.6 맞춤형 의료보조기기

보청기

3D 프린팅 기술을 이용하는 기기 중에 가장 일반적인 것은 보청기와 치아 보철물일 것이다. 3D 프린터로 제작된 맞춤형 보청기는 실리콘으로 귀모양을 본을 뜬 후 3D 스캐너를 이용하여 귀 모양을 정확히 인식하게 하여 그 모양에 따른 3D 프린터로 제작한다.

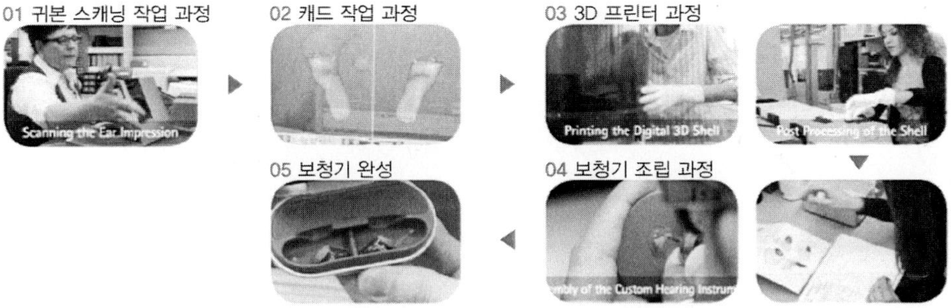

그림 2.11 3D 프린팅 보청기 제작과정[12]

이와 같이 제작되는 보청기는 맞춤형으로 제작되기 때문에 사용자에게 불편함을 덜어주고 가격이 싸고 또한 고장 시에 손쉽게 다시 제작할 수 있는 장점이 있어 이 분야의 활용은 향후 급속하게 확대될 것이다.

치아 보철물

치아는 사람에 따라 각기 구조가 다르기 때문에 3D 프린팅은 편리하게 대처할 수 있다. 3D CT와 치과용 3D 스캐너를 통하여 환자의 구강구조를 스캔하여 3D 프린팅 제작물은 오차가 적고 환자에게 불편함을 덜어줄 뿐만 아니라 신속하고 값싸게 수술을 진행할 수 있다. Stratasys사의 바이오 프린터는 투명재료를 사용함으로써 구강수술을 틀과 운반용들이 환자에게 정확하게 일치하는지를 확인하게 된다. 주의할 점은 인간의 몸에 직접 닿아 적용되는 물질이기 때문에 소재가 알레르기가 없어야 한다.

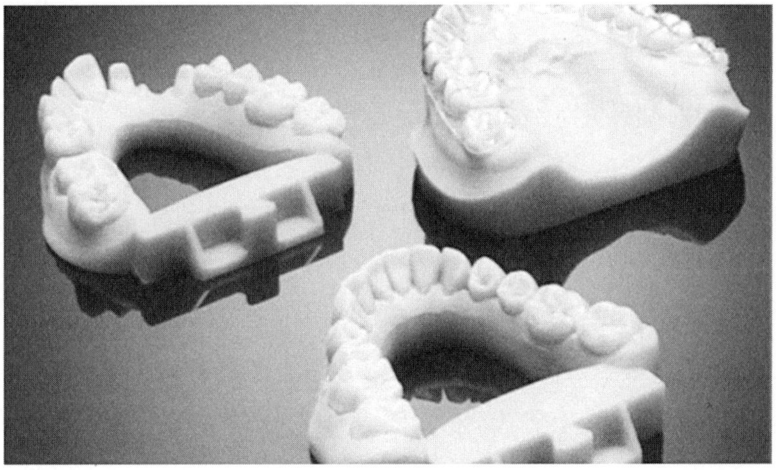

그림 2.12 치아 보철물[8]

2.5 향후 바이오 프린팅 기술 개발 방향

3D 바이오 프린팅은 조직공학, 재생의약, 그리고 제약분야에서 활용될 수 있는 미래의 핵심 기술이다. 특히 인공장기를 프린팅하는 기술이 발달하여 향후에는 자신의 몸에서 채취한 세포를 배양하여 손상된 장기를 대체하는 것도 멀지 않으리라 전망된다. 3D 바이오 프린팅의 핵심재료인 바이오잉크는 3D 바이오 프린터 기술과 함께 더불어 발전하고 있다. 바이오잉크는 기본적으로 인쇄적성, 프린트된 구조물의 구조적 안정성을 줄 수 있는 젤화 특성, 그리고 세포 상호 간 그리고 세포와 잉크 간의 상호작용, 구조체 안의 혈관화, 세포의 분화를 조절할 수 특성을 가져야 한다. 하지만 현재까지 이와 같은 조건들을 완벽하게 만족하는 바이오잉크는 없다. 불행하게도 인쇄적성과 세포적합성은 서로 상반된 결과를 초래하기 때문이다. 인쇄적성을 높이기 위해 바이오잉크의 농도를 높이는 경우 세포적합성이 대체로 낮아지게 한다. 이런 문제를 해결하기 위해 다양한 바이오잉크를 조합해서 사용하기도 하며, 나노 혼성체를 이용하거나 초분자 바이오잉크가 연구되고 있다. 현재 상용화된 대표적인 바이오잉크 재료로는 PEGDA, calcium phosphate, 그리고 GelMA 등이다. GelMA 수화젤은 대표적인 상품화된 바이오잉크 재료이다. GelMA는 제조가 쉽고, 생물활성을 유지하고 있으며 광경화시 기계적 강도를 조절할 수 있어 이상적인 바이오잉크로 쓰일 것으로 기대된다. 한편 GelMA의 37℃에서 액체와 같이 흐르는 경향이 있어 인쇄적성을 향상시키는 것이 필요하다. 또한 광경화성 바이오잉크 재료의 경화를 위해 광개시제가 필요한데 현재까지는 365nm에서 개시되는 2-hydroxy-4′-(2-hydroxyethoxy)-2-methylpropiophenone (Irgacure 2959, I2959)제품이 많이 이용되고 있다. I2959 개시제는 수용액에서 낮은 용해도(0.5% 미만)와 UV 경화(365nm)로 인해 최근에는 수용액에서 용해도가 향상되고 가시광선에서 개시가 되는 Eosin Y(5% 미만 용해도) 또는 405 nm에서 경화되는 lithium phenyl-2,4,6-trimethylbenzoylphosphinate (LAP, 8.5% 미만 용해도)를 사용하기도 한다. 다만 Eosin Y는 type II 개시제로 개시효율이 낮은 단점이 있고, LAP는 I2959처럼 type I 개시제로 개시효율이 좋으나 가격이 비싼 단점이 있다. 저렴하고, 수용성이며, 가시광선에서 경화되는 안전한 개시제의 개발이 필요하다. 현재까지 바이오잉크 개발은 인쇄적성(printability)과 세포의 생존력(viability)을 향상시키는 데 역점

을 둔 초보적 수준에서 진행되어 왔다. 앞으로의 과제는 다양한 조직과 기관의 세포외 기질들을 모방한 조직 맞춤형 바이오잉크들과 혈관재생을 조직 내 구조와 유사하게 만들 수 있는 바이오잉크들을 개발하는 것이다.

최근 들어 국내 포항공대 조박사팀이 어느 장기나 프린팅 제작이 가능한 무핵의 세포를 이용하여 바이오잉크를 개발 중이다.[8]

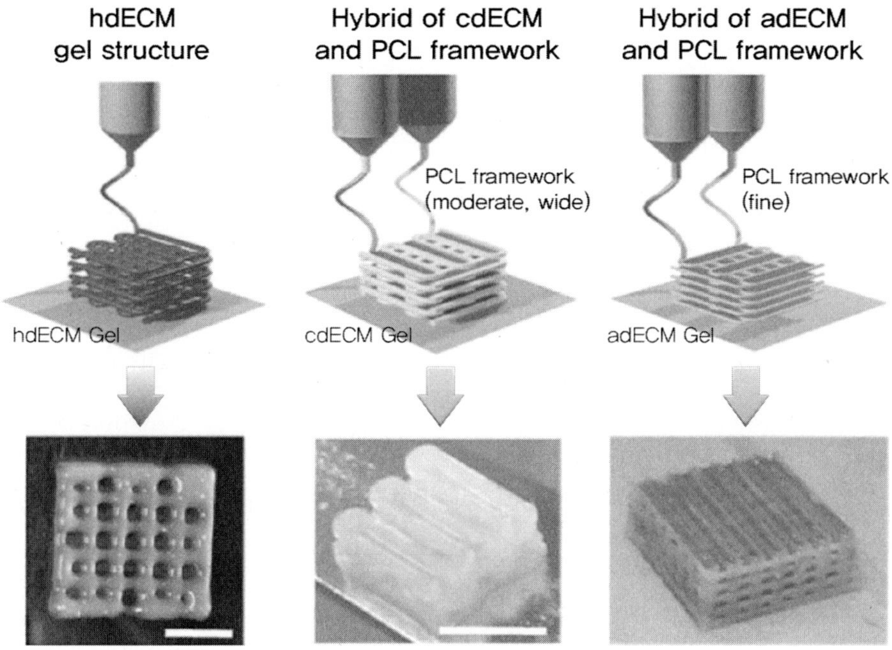

그림 2.13 무핵의 세포를 이용한 바이오잉크 기술[8]

2.6 4D 프린팅 기술

4D 프린팅이란 3D 프린팅을 통해 복합물질에 자가변환이라는 새로운 기능을 부여한 기술이다. MIT 자가조립 연구소장인 Tibbits 교수가 '스스로 변환(Self Transformation)' 할 수 있는 4D 프린팅 기술을 제안하였다. 여기서 자가 조립기능(Self Assembly)은 고분자의 분자들이 사전에 정의한 형태로 스스로 변형하여 모양을 형성하는 기술을 의미한다. 이를 위해서는 4D 프린팅에 사용되는 소재의 분자들이 사전에 정의된 형태로 스스로 변형하는 기능을 갖추어야 한다. 4D 프린팅 기술이 실현되면 물질을 프로그램화하여, 원하는 형태로 스스로 조립되도록 할 수 있다.

Tibbits는 분자공학과 나노공학에서부터 해결책을 찾아 4D 프린팅 기술을 시작하였다. 나노공학 발전은 물리학적 혹은 생물학적 물질이 모양과 성질을 바꾸는 것이 가능해졌다. 예를 들면 3D 프린터에 의하여 만들어지는 1개의 끈이 물 속에서 MIT라는 글자로 자가변형하고 또 정육면체로 변형하는 모습으로 변하는 것이다.(**그림 2.14**)

4D 프린팅의 소재는 온도나 습도에 따라 변하는 스마트 소재이다. MIT는 물과 산(acid)으로 팽창하는 나무를 사용하여 코끼리 형상을 나타내는 것을 보여주었다.(**그림 2.15**)

그림 2.14 자가변형 소재[9]

그림 2.15 코끼리 모형으로 변형되는 4D 프린팅 기술[10]

또 다른 예를 보면, Stratasys사에 의하여 만들어진 물질은 자가변형 기능이 직접적으로 내재된 최초의 소재이다. 이는 다른 소재를 사용할 수 있는 3D 프린터를 제작하여 플라스틱 소재와 물을 흡수할 수 있는 소재를 혼합하여 1개의 끈을 제작하고 플라스틱 소재는 구조물이 되고, 물을 흡수하여 구부러지고 휘는 성질을 나타내어 자기 스스로 변형하여 미리 디자인한 형태로 변형하는 것이다. 더욱 나아가 4D 프린팅 기술은 Smart 소재가 물뿐만 아니라, 공기, 온도와 같은 환경요인과 운동에너지에 대한 반응으로 모양이 변형되는 기술을 개발하는 것으로 발전하고 있다.

이러한 4D 프린팅 기술은 Geosymtec사가 스스로 팽창과 수축이 가능한 파이프를 개발하였다.(**그림 2.16**)

그림 2.16 스스로 변환되는 파이프[11]

표 2.1 4D 프린팅과 3D 프린팅 비교

구분	3D 프린팅	4D 프린팅
프린팅 방법	적층제조 기술, 항상 똑같은 크기로 출력	가자변환, 자가조립, 맞춤형 프린팅 가능 (패턴, 스타일, 크기, 유연성 등 조절)
재료	열에 녹거나 접착제에 잘 붙는 소재	스마트 소재
부품 조립	부품조립 과정 필요, 프린팅 후 외부의 압력에 의해 확대나 축소, 변형 불가능	조립과정 불필요, 물체가 스스로 조립 및 변화
프린터 크기	물체의 크기에 3D 프린터의 크기 제약	스스로 조립되기 때문에 큰 물체도 제작 가능 (설계도와 프린터만 있으면 언제 어디서든 원하는 물체 제작 가능)

향후 4D 프린팅 활용분야는 무궁무진할 것으로 기대된다. 이는 3D 프린팅을 적용하는 의료, 건설, 로봇 등의 분야는 물론이고 자체변환과 자체조립을 이용하면 3D 프린팅으로 할 수 없던 1단계 진보된 일들도 가능하게 할 것으로 기대되기 때문이다.

현재 4D 프린팅 연구가 가장 활발한 곳은 미국으로 각 대학과 연구소들이 4D 프린팅 소재와 활용방안 등을 연구 중이다. 특히 우주항공과 국방 분야에 접목하기 위한 개발이 활발하게 진행되며 유럽과 호주 등도 4D 프린팅 연구에 착수했다.

현재 우리나라도 4D 프린팅에 관심을 갖고 한국과학기술연구원(KIST), 광주과학기술연구원(GIST) 등이 연구를 시작했다. 또 한국과학기술정보연구원(KIST)이 2015년 11월 개최한 '10대 유망기술 세미나'에서는 4D 프린팅이 10대 유망기술 중 하나로 선정되기도 했다.

참고문헌

1. INVIVO (ROKIT CATALDG) http://en.3disonprinter.com/product-invivo.php
2. http://ksbbj.or.kr/xml/05796/05796.pdf
3. 이배훈 3D 바이오 프린팅을 위한 바이오잉크 개발동향 http://www.ibric.org/
4. 코넬대학교 http://www.cornell.edu/
5. 웨이크 포레스트 재생의학연구소 (2009)
6. 한국보건산업진흥원 www.khidi.or.kr
7. 최윤섭 'Healthcare Innovation' (2011)
8. 조동우 교수 연구팀 'Nature Comm- unications' 4월호 (2014)
9. Stratasys www.stratasys.co.kr
10. http://www.donga.com/news/article/all/20150213/69631468/1
11. Skylar Tibbits의 The emergence of "4D printing" (2013)
12. http://www.ohearing.com/?page_id=520

CHAPTER 03

3D 프린팅 기술의 특허분석

3.1 3D 프린터 기술과 원천특허

현재 중점적으로 활용되고 있는 주요 3D 프린팅 기술에 대하여 원리, 소재, 장단점 및 특허 만료시기를 정리하여 **표 3.1**에 요약하였다. 표에 정리한 기술 이외에 DMLS (Direct Metal Laser Sintering) 기술은 2014년 8월에 원천특허가 만료되었고 3DP (3 Dimension Printing) 기술은 2016년 9월에 원천특허가 만료되었다. 정밀성과 효율성이 높아 3D 프린터 시장을 주도하는 SLA, SLS, FDM 기술을 비롯한 대부분의 기술(LOM과 Polyjet 기술 제외)이 2014년도까지 원천특허가 만료되었다. 이에 따라 세계 주요국들의 3D 프린터 제조기업들은 3D 프린터의 공급을 확대할 것이고, 향후 3D 프린터의 활용도 크게 증가하여 이에 대한 세계시장은 급격하게 증가할 것이다. 그러나 3D 프린터 시장 진출에 앞서서 선도 3D 프린터 기업들이 확보하고 있는 주변 특허와 응용 특허를 면밀하게 검토하여야 한다. 3D 프린팅 시장은 다양한 부품과 소재, 제품 구성방식, 시스템 등 복합적으로 구성되어 있어 특허 소송 리스크는 여전히 존재하므로 핵심 특허만료 후에도 시장진출을 위해 원천특허 관련 기술에 대한 체계적인 파악이 필수적이다.

SLA, FDM 및 SLS의 원천기술 특허를 **그림 3.1, 3.2, 3.3**에 나타내었다.

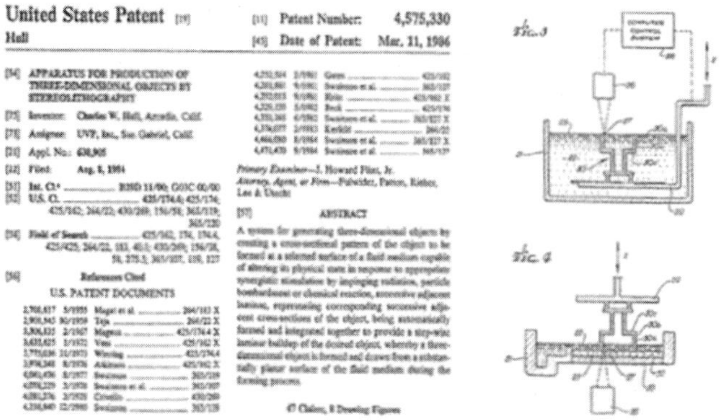

United States Patent [19]
Hull
[11] Patent Number: 4,575,330
[45] Date of Patent: Mar. 11, 1986

그림 3.1 3D 프린팅 SLA기술 특허[1]

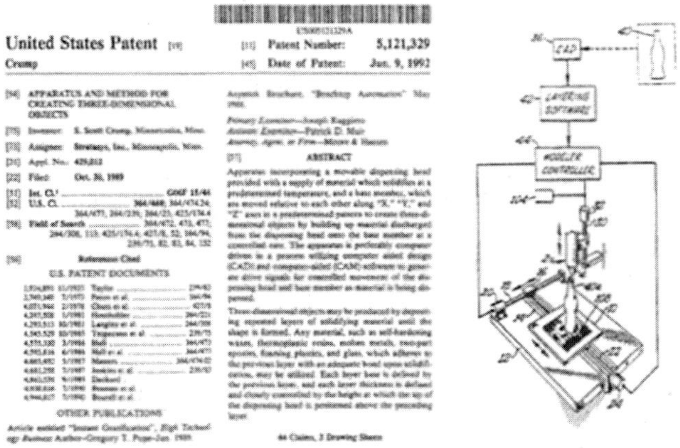

United States Patent [19]
Crump
[11] Patent Number: 5,121,329
[45] Date of Patent: Jun. 9, 1992

그림 3.2 FDM 특허[2]

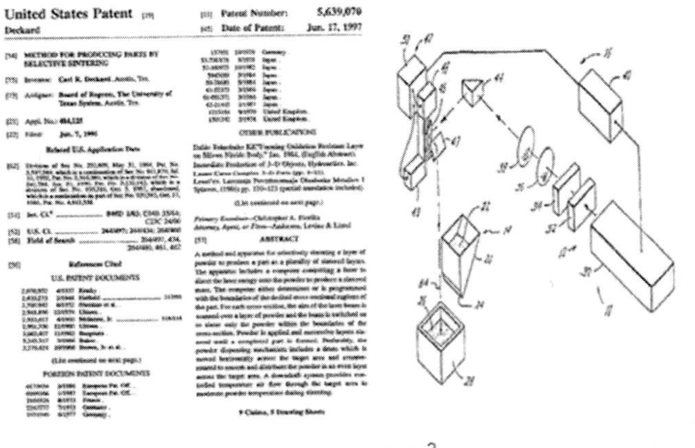

United States Patent [19]
Deckard
[11] Patent Number: 5,639,070
[45] Date of Patent: Jun. 17, 1997

그림 3.3 SLS 특허[3]

표 3.1 3D Printer 기술 원천특허

기술 유형	원리	소재 물질	장점	단점	특허 만료
SLS (Selective Laser Sintering): 3D Systems	Powder 기반: 레이저를 이용해 분말을 가열하여 응고시킴	열가소성 플라스틱, 금속, 세라믹, 유리 등의 분말	정밀성 우수, 금속 소재 사용 가능, 강도 우수, 조형 속도 비교적 빠름	유지보수비용 및 장비 가격 높음, 후표면 처리공정 필요	2014. 2
FDM (Fused Deposition Modeling): Stratasys	고체기반: 필라멘트형 소재를 핫플레이트와 노즐을 거쳐 용융되어 통과, 노즐을 통과한 소재는 적층과 동시에 경화	열가소성 플라스틱, 금속, 세라믹 등의 고체	유지보수 및 장비가격 저렴, 다양한 소재 사용 가능	제작 시간 느림, 지지대 부재료 소모 큼	2009. 10
SLA (Stereo Lithography Apparatus): 3D Systems	액체 기반: 레이저 또는 강한 자외선을 이용해 소재를 순간적으로 경화시켜 형상 제작	광경화형 플라스틱	제작비용 저렴, 실사와 같은 색상 인쇄, 수축이 적고 잔여물이 붙지 않으며 조작 간단	내구성이 약함	2004. 8
LOM (Laminated Object Manufacturing): Helisys	고체 기반: 종이, 플라스틱, 금속 라미네이트 등 필름 형태의 재료를 칼이나 레이저로 절단, 접착제로 접합	플라스틱 박판 또는 필름, 종이	재료 가격 저렴, 장치 가격 비교적 저렴	Sanding, curing 등 후 처리공정 필요, 재료 제한적	2016. 5
Polyjet (Photopolymer Jetting Technology): Objet	액체 기반: 액체 Photopolymer를 노즐을 통해 분사한 후 UV로 경화	광경화형 플라스틱	치수정밀도 정교한 부품 제작 적합, 투명재질 제작 가능	비용이 높음	2026. 5
PBP (Powder Bed & Inkjet head Printing): Massachusetts Inst. of Tech.	분말/액체 기반: 잉크젯 프린터의 원리 이용, 프린터 헤드의 노즐에서 액체상태 컬러잉크와 바인더를 분말 원료에 분사하여 조형	열가소성 플라스틱	조형 컬러 거의 원래대로 출력가능	조형 후 분말 제거 및 표면 처리 필요	2013.

3.2 국내외 특허 동향

3.2.1 세계 특허 동향

(1) 국가별 특허 분석

세계의 3D 프린팅 관련 특허 출원은 2006년부터 특허 출원이 급격하게 증가하였으며 향후 3D 프린팅 기술의 혁신이 더욱 빠르게 진전될 것으로 전망할 수 있다.

그림 3.4에 주요 3D 프린팅 기업의 특허 출원 수를 나타내었는데 미국의 3D Systems, Stratasys, MIT, HP 등이 3D 프린팅 기술을 주도하고 있다는 것을 알 수 있다.

세계 주요 국가의 3D 프린팅 특허 현황을 **그림 3.5**에 도시하였다. 미국이 가장 많은 특허를 출원하고 있는 것으로 조사되었으며 이어서 일본, 중국, 한국, 독일 순으로 특허를 출원하고 있다. 향후 3D 프린터 기술과 시장을 이들 5개국이 주도할 것으로 전망된다.

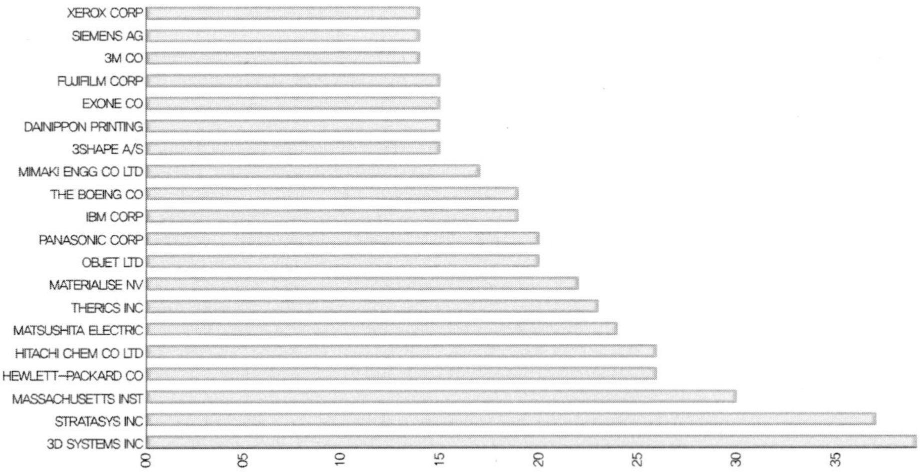

그림 3.4 세계 주요 3D 프린터 제조기업의 특허 출원[1]

그림 3.5 세계 주요 국가의 특허 출원 현황[1]

(2) 산업별 특허 분석

그림 3.6은 3D 프린터 제조기업이 출원한 특허를 산업별로 정리한 것이다. 이 자료로부터 인체조직공학(Tissue Engineering), 자동차, 기계, 항공산업에 관한 응용소재가 중점적으로 개발되고 있다는 것을 알 수 있다. 3D 프린터 기업별로 특허를 출원하는 산업 분야가 다르지만 3D Systems과 MIT는 특정 산업에 치우치지 않고 다양한 산업 분야 특허를 출원하였다. Stratasys는 인체조직공학, 기계 및 의료 분야 소재 특허를 주로 출원하였으며 Boeing은 자동차, 항공, 방위산업 관련 응용소재를 중심으로 특허를 출원하였다.

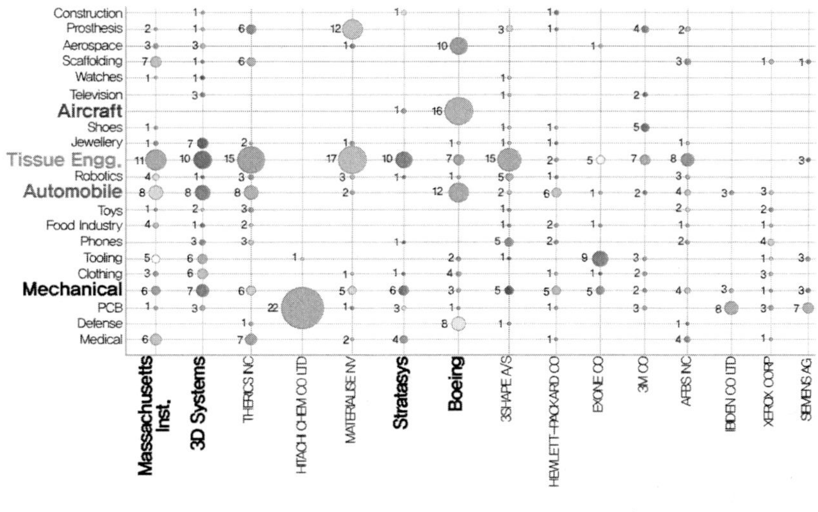

그림 3.6 3D 프린터 제조기업의 산업별 출원 특허[4]

이 중 자동차산업과 항공산업의 3D 프린팅 소재 특허를 각각 **그림 3.7**과 **그림 3.8**에 정리하였다.

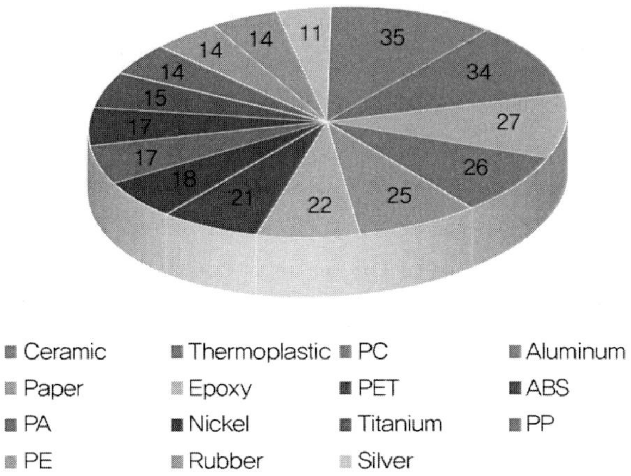

Ceramic	35
Thermoplastic	34
PC	27
Aluminum	26
Paper	25
Epoxy	22
PET	21
ABS	18
PA	17
Nickel	17
Titanium	15
PP	14
PE	14
Rubber	14
Silver	11

그림 3.7 자동차산업 분야의 3D 프린팅 소재 특허[4]

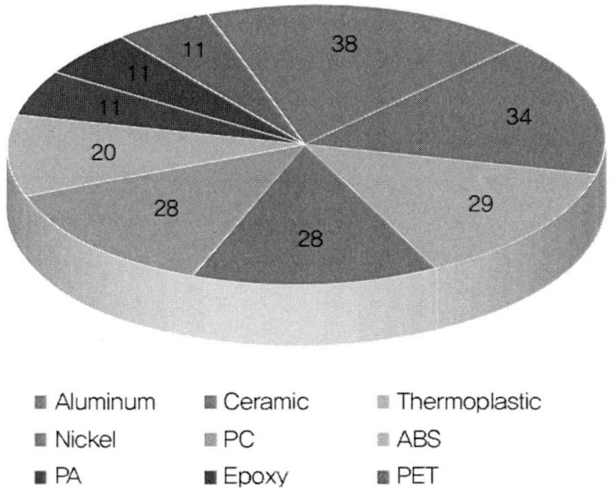

Aluminum	38
Ceramic	34
Thermoplastic	29
Nickel	28
PC	28
ABS	20
PA	11
Epoxy	11
PET	11

그림 3.8 항공산업 분야의 3D 프린팅 소재 특허[4]

자동차산업 분야의 3D 프린팅 소재는 세라믹과 Al, Ti, Ni 등 금속 및 열가소성수지, PC(폴리카보네이트), Epoxy, PA(폴리아마이드) 등 고분자 소재가 중점적으로 출원되었다. 자동차산업용 3D 프린팅 고분자 소재는 경량이라는 장점을 가지고 있지만 강도가 부족하다는 단점이 있으므로 자동차산업용 고분자 소재의 개발에서는 고강도를 부여할 수 있는 고분자 복합수지와 같은 소재를 중점적으로 고려해야 할 것이다.

항공산업 분야의 3D 프린팅 소재는 Al, Ni 등 금속과 세라믹 및 PC(폴리카보네이트), Epoxy(에폭시), PA(폴리아마이드) 등 고분자소재가 중점적으로 출원되었다. 자동차산업에서보다 항공산업에서는 더욱 고강도 소재를 요구하므로 금속소재의 비중이 고분자 소재에 비하여 상대적으로 크다는 것을 알 수 있다. 항공산업용 고분자 소재의 개발에서 고강도를 부여할 수 있는 고분자복합수지 소재를 중점적으로 고려해야 할 것이다.

3.2.2 국내 특허 동향

특허청의 특허검색서비스인 키프리스에서 '3D 프린터' 관련되어 검색한 결과는 **그림 3.9**에 나타낸 바와 같다.

(1) 연도별 동향

'3D 프린팅'으로 검색된 특허의 연도별 출원 동향을 살펴보면, 2007년과 2012년에 일시적인 출원 감소가 있었지만, 2003년 33건에서 2014년 379건까지 연평균 24.9% 성장률을 보이며 증가하였지만, 2015년엔 크게 감소하였다.

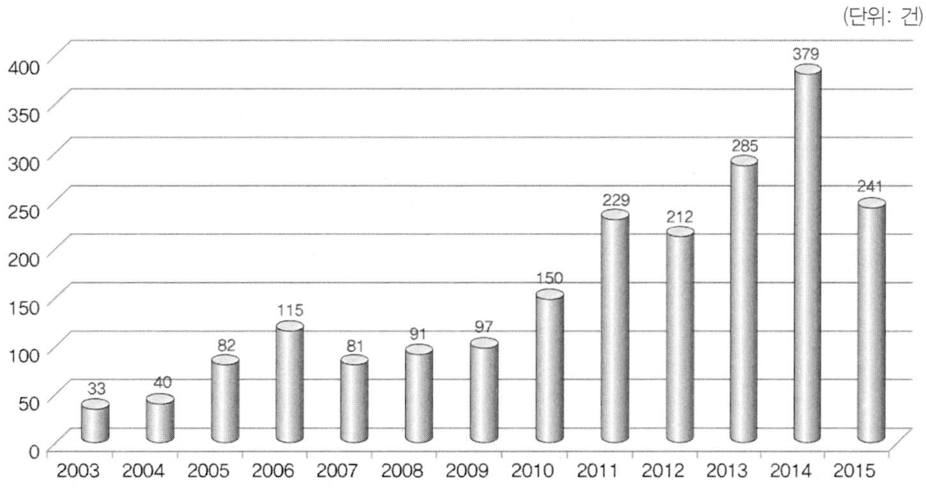

그림 3.9 국내 연도별 '3D 프린팅' 관련 출원 추이[1]

(2) 국제특허분류별 특허 동향

'3D 프린팅'로 검색된 특허를 IPC별로 살펴보면 **표 3.2**에 정리하였다.

표 3.2 IPC별 '3D 프린팅' 관련 특허 수[1] (단위: 건)

IPC	개수	비고	
H01L	538		
G02F	114		
G06F	110		
B29C	84		
G02B	82		
H05B	72		
H04N	59	A 섹션	생활 필수품
B41J	45	B 섹션	처리조작; 운수
G01N	44	C 섹션	화학; 야금
H05K	39	D 섹션	섬유, 지류
G03F	38	E 섹션	고정구조물
H01M	31	F 섹션	기계공학; 조명; 가열; 무기; 폭파
C09D	29	G 섹션	물리학
G06T	29	H 섹션	전기
G06K	29		
C09K	28		
A61C	28		
G06Q	26		
H01Q	25		
H04B	25		

(3) 출원인별 특허 동향

'3D 프린팅'으로 검색된 특허를 출원인별로 살펴보면, LG디스플레이가 148건(6.89%)로 가장 많은 특허를 출원하고 있는 것으로 나타났으며, 그 다음으로는 LG전자 83건(3.86%), 삼성전자 76건(3.54%), 삼성디스플레이 54건(2.51%), 삼성SDI 41건(1.91%) 등의 순으로 나타나고 있다.

표 3.3 출원인별 국내 '3D 프린팅' 관련 특허 수[1]

출원인	국적	특허 수(건)	점유율(%)
LG디스플레이	한국	148	6.89
LG전자㈜	한국	83	3.86
삼성전자㈜	한국	76	3.54
삼성디스플레이	한국	54	2.51
삼성SDI	한국	41	1.91
삼성전기	한국	41	1.91
일본 반도체 연구소	일본	35	1.63
에이에스엠엘 네델란즈 비.브이.	미국	28	1.30
㈜LG화학	한국	26	1.21
한국전자통신연구원	한국	26	1.21
한국과학기술원	한국	24	1.12
이윤택	한국	22	1.02
캐논㈜	일본	22	1.02
더 보오드 오브 트러스티스 오브 더 유니버시티 오브 일리노이즈	미국	20	0.93
연세대학교 산학협력단	한국	19	0.88
한국기계연구원	한국	16	0.74
에스케이씨하스디스플레이필름(유)	미국	14	0.65
LG이노텍	한국	13	0.60
주성엔지니어링	한국	13	0.60
서울대학교산학협력단	한국	13	0.60

3.3 소재 분야별 특허 동향

(1) 연도별 특허 출원 추이

3D 프린팅 소재분야 연도별 추이를 살펴보면(**그림 3.10**) 84년 이후로 꾸준히 증가하여 2002년을 정점으로 감소하고 있으며 수지, 광경화재 등(ADB) 분야가 89%로 압도적으로 높은 비중을 차지하고 있는 것으로 나타났으며, 생체 재료(ADC) 분야는 6%, 금속, 합금 등(ADA) 분야는 5%의 비중을 차지하고 있는 것으로 나타났다.

수지, 광경화재 등(ADB) 분야는 꾸준하게 특허출원활동을 하고 있으며, 2002년도 21건으로 최다 특허 출원 건수를 기록하였다. 또한, 생체재료(ADC) 분야는 계속 특허출원이 증가하는 것으로 나타났다.

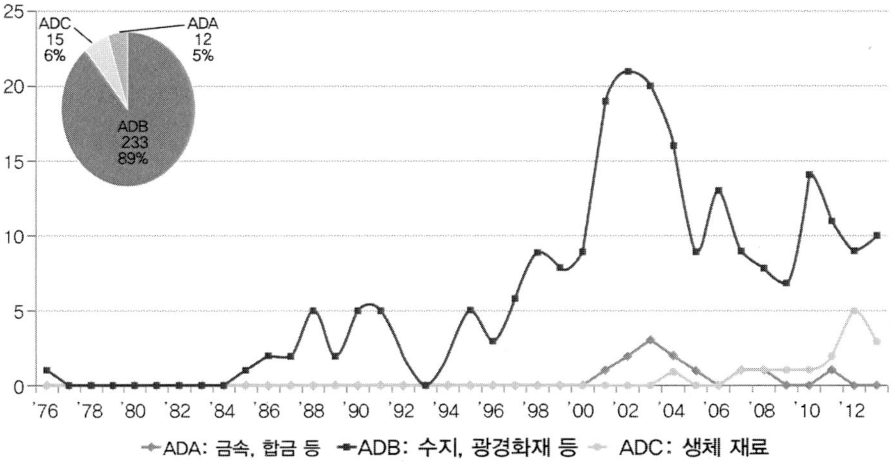

그림 3.10 프린팅 재료 기술 분야의 연도별 특허 현황[5]

(2) 프린팅 주요 출원인 특허 출원 현황

프린팅 소재 분야의 주요 출원인 TOP 5를 **그림 3.11**에 나타내었다. Huntsman Advanced Materials는 43건으로 가장 많이 출원한 것으로 나타나며, 3D Systems가 34건을 출원한 것으로 그 뒤를 이었다.

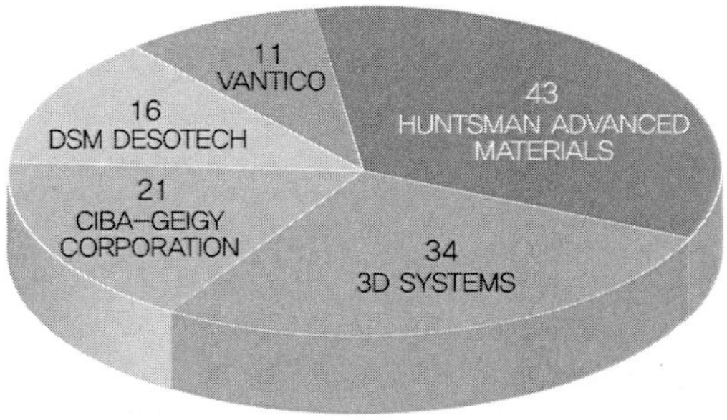

그림 3.11 프린팅 소재 주요 출원인 특허 건수[4]

그 다음으로 Ciba-Geigy 21건, DSM 16건, Vantico가 11건을 출원한 것으로 나타났다.

(3) 주요 기업의 소재 특허 동향

현재 3D 프린팅 기술을 이끌고 있는 기업은 3D Systems사와 Stratasys사이다.

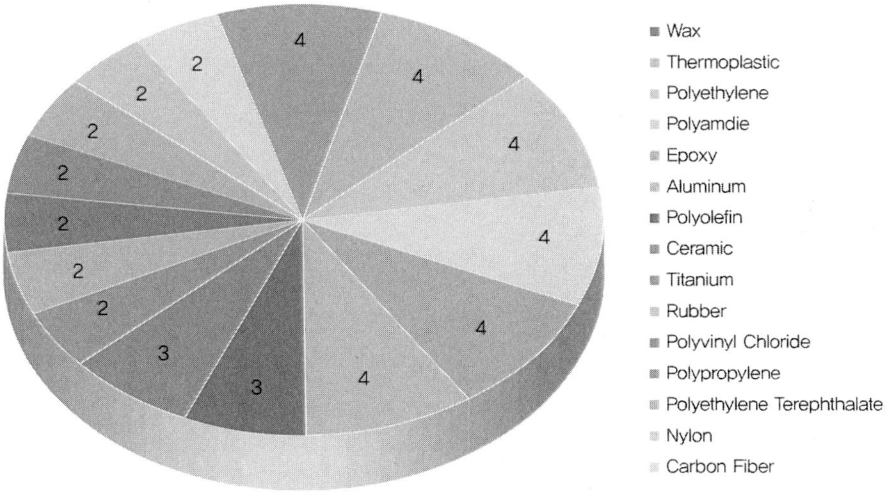

그림 3.12 3D Systems사 소재개발 현황[4]

3D Systems사의 경우, 다양한 소재에 대한 개발이 이루어지고 있으며, 특히 알루미늄(Aluminium)과 에폭시 수지(Epoxy)가 가장 많다.

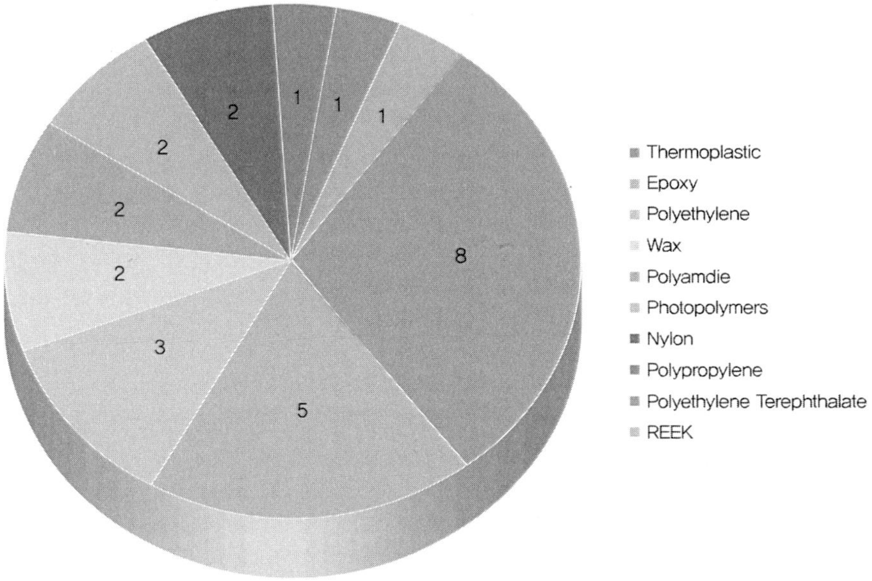

그림 3.13 Stratasys사 소재개발 현황[4]

Stratasys사에서 가장 많이 이용하는 소재 타입은 열가소성수지(Thermoplastic)이며, 다음으로 에폭시(Epoxy)를 많이 이용하고 있다.

Materialise사는 금속 소재나 합성 섬유소재에 대한 개발이 주를 이루고 있다.

FDM, SLA & 기술 관련 소재가 중점적으로 연구되고 있으며, 3D 프린터 기업인 Stratasys와 Materialise가 FDM 소재의 연구개발을 주도하고, 3D Systems와 Materialise가 SLA와 SLS 소재의 연구개발을 주도하고 있다.

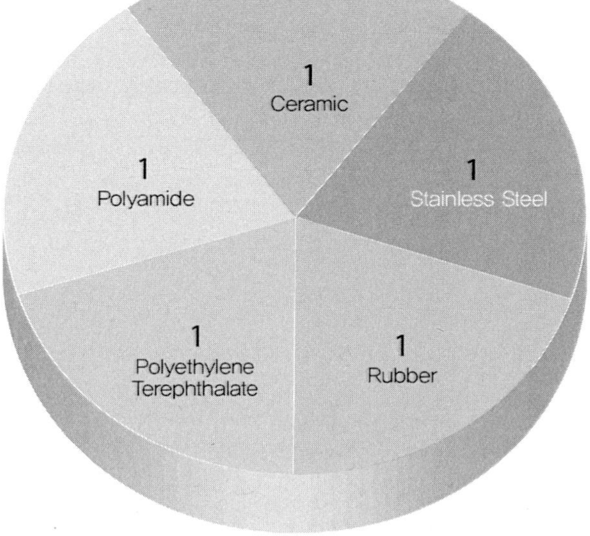

그림 3.14 Materialise사 소재개발 현황[4]

3.4 3D 프린팅 관련 특허 소송 동향 및 대책

최근 3D 프린터에 대한 관심이 높아지면서 기업들의 3D 프린터 관련 특허에 대한 관심도 높아지고 있는데 '특허 경영'이라고 할 정도로 특허가 기업의 성패를 좌우하기 때문이다. 3D 프린터 관련 첫 특허소송은 2000년도에 발생하였는데 이는 글로벌 기업 간에 원천기술 특허소송이었다. 그후부터 현재까지 매년 10건 내외의 관련 소송이 진행되고 있고 가장 많은 특허소송을 일으키고 있는 기업은 3D Systems이며 5회 소송을 일으켰다. 이어 Stratasys와 EOS는 두 번째로 많은 소송을 일으켰으나 2회로 나타났다.(**그림 3.15**) 하지만, 그 중 Stratasys는 최근의 Objet과 MakerBot에 대한 M&A를 통해 시장 장악의 속내를 드러내고 있는 바, 향후 Stratasys의 특허소송 활동이 증가할 것으로 판단된다. 3D Systems사 또한 소송에서 사용된 특허 중 미국뿐만 아니라 한국, 일본, 중국, 유럽 등 세계 각지에 진입한 특허는 대부분 3D Systems의 특허로 글로벌 전략을 짐작할 수 있다.

소송 이력이 있는 특허 건수를 볼 때, 그동안 소송특허가 가장 많이 포진되어 있는 기술 분야 Top 3는 적층방식 분류의 'Vat Photopolymerization', 'Binder Jetting', 'Material Extrusion' 각각 소송특허를 20건, 7건, 4건을 포함하고 있다. 연도별로 특허소송은 급증하고 있는 추세이다.

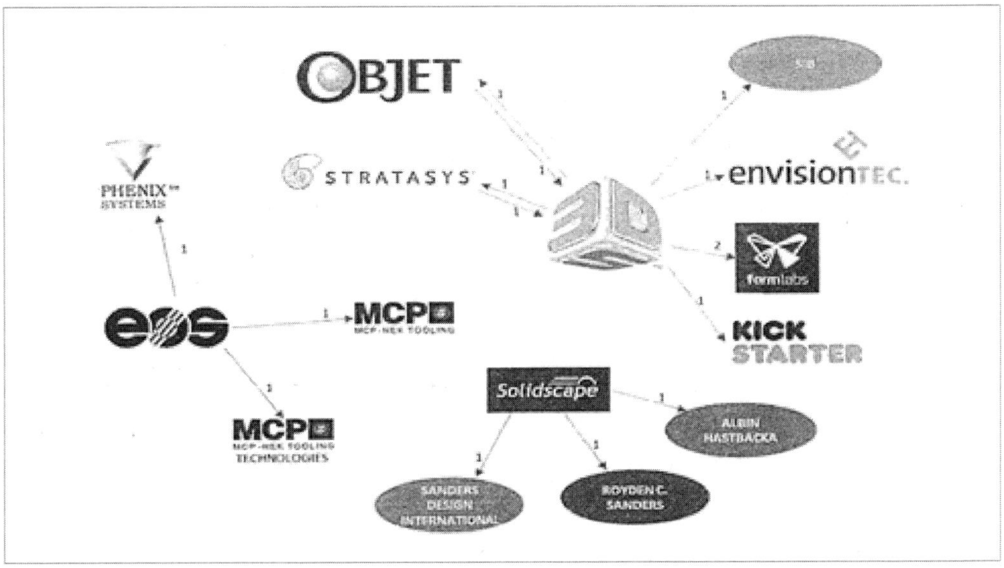

3D 프린팅 산업에서는 3D Systems, EOS 및 Solidscape를 중심으로 특허소송이 일어나고 있음

그림 3.15 3D 프린팅 기술 분야의 특허 분쟁 지형도[5]

현재 주요 기업이 보유하고 있는 특허를 **표 3.4**에 정리하였다. 특허는 보유하고 있을 뿐 아니라 향후 특허 분쟁에 대비하여 2개의 주요 기업(3D Systems와 Stratasys사)은 M&A를 통하여 특허 분쟁의 소지를 없애고 세계시장을 나누어 가지고자 한다.

표 3.4 원고/피고별 3D 프린터 관련 특허소송 리스트[5]

소송번호	원고	피고	소송 제기연도	소송 특허번호	기술 분야
0:13CV03228	STRATASYS	MICROBOARDS TECHNOLOGY	2013	8349239	Material Extrusion
				5866058	
				5653925	
				6004124	
1:13CV07973	3D SYSTEMS	FORMLABS	2013	5762856	Vat Photopolymerization
				5779967	
				5609812	
				5554336	
				5569431	
				5609813	
				5814265	
0:12CV03323	3D SYSTEMS	FORMLABS	2012	5597520	Vat Photopolymerization
1:12CV01582	EOS ELECTRO OPTICAL SYSTEMS	PHENIX SYSTEMS	2012	6042774	Powder Bed Fusion
				5753274	
0:08CV01830	EOS ELECTRO OPTICAL SYSTEMS	MCP TOQLING TECHNOLOGIES	2008	5753171	Powder Bed Fusion
2:08CV11734	3D SYSTEMS	ENVISIONTEC	2008	7195472	
				6942830	
				7052263	
1:08CV01531	DSM DESOTECH	3D SYSTEMS	2008	6733267	수지, 광경화재 등
				6340297	
2:05CV74891	3D SYSTEMS	ENVISIONTEC	2005	5137662	Vat Photopolymerization
				5345391	
				4999143	
				5630981	
				5569431	
				4929402	
				5571471	
0:05CV00136	STRATASYS & OBJET GEOMETRIES	3D SYSTEMS	2005	5136515	Binder Jetting
				6136252	
				5287435	Vat Photopolymerization
				5386500	
				5519816	
				6193923	Binder Jetting
				6508971	
				6660209	
				6532394	모델링
2:04CV05261	3D SYSTEMS	STRATASYS	2004	6136252	Binder Jetting
				6660209	
				6193923	Binder Jetting
				6532394	모델링
				6508971	Binder Jetting
				5136515	
1:03CV00301	SOLIDSCAPE	SANDERS DESIGN INTERNATIONAL	2003	5506607	Binder Jetting
				5740051	

지금까지 글로벌 3D 프린터 시장은 위에서 언급한 2개 기업 3D Systems나 Stratasys 같은 전문업체가 주도해왔지만 강력한 영업망을 갖춘 기존 프린터 업체들과는 규모나 경쟁력 측면에서 비교가 안 된다. 전통 프린터 기업들이 기존 영업망과 브랜드 인지도, 기술력을 앞세워 3D 프린터 시장에 뛰어들 경우 시장 판도는 한순간에 바뀔 수 있다. 이러한 점에서 휴렛패커드(HP)와 제록스(Xerox) 등 전통적 프린터업계의 강자들도 3D 프린터 분야에서 새로운 비즈니스 모델을 찾고 있다. 이는 지난 10년간 HP는 5개, 제록스는 8개의 3D 프린터 특허를 출원한 것으로 미루어 알 수 있으며 HP는 독자적인 3D 프린터 출시를 목표로 관련 연구와 개발을 꾸준히 진행 중이다. 반면 제록스는 3D 프린터를 자체 개발보다 3D Systems나 Stratasys와 협력을 통해 시장 진입에 속도를 낼 것으로 전망된다.

아직 걸음마 단계인 국내 3D 프린터 시장은 수요가 많지 않아 특허 분쟁 리스크도 적다. 그러나 시장이 확대되고 3D 프린터로 성장하는 기업이 늘어나면 국내 역시 특허 분쟁이 급증할 수밖에 없다. 삼성, HP 같은 기존 프린터 제조업체는 물론이고 구글, 아마존 같은 인터넷 강자들도 3D 프린터 서비스 시장에 뛰어들 태세를 갖추고 있어 특허분쟁에 대비하여 개발하지 않으면 안 된다.

3.5 3D 프린팅 저작권 문제[6]

3D 프린팅은 특허 문제도 있지만 개인이 스타트업할 때 저작권 문제가 발생하게 되어 저작권 논쟁이 필수적으로 뒤따르게 되어 있다. 프린팅 설계도면은 기획될 컨텐츠나 아이디어에 의하여 만들어지기 때문이다. 이는 음악이나 영화의 불법 다운로드로 몸살을 앓는 것과 비슷한 현상이 일어나리라 전망된다. 최근 거론되는 방안은 3D 도면용 DRM(Digital Right Management)이지만 실효성에 대하여는 확실할 수 없다. 왜냐하면 기술의 발달에 의하여 DRM을 무력화시킬 수 있기 때문이다. DRM의 적용에 따른 라이선스 비용 등이 발생하기 때문에 스타트업 개인에게는 진입장벽이 될 수 있다. 이로 인한 자유로운 공유 문화를 위축시키며 3D 프린팅 산업의 활력을 떨어뜨릴

가능성이 있다. 이에 대하여 미래학자 버넷[7]은 최근 DRM이 "음악과 동영상 같은 디지털 정보의 저작권 침해를 감소시킨 몇몇 성공사례가 있지만 여전히 모든 형태의 복제를 막을 수는 없다."며 오픈소스 설계자와 3D 프린터 제작자가 전 세계적으로 승인된 DRM 시스템에 참여하지 않는 이상 그 기밀은 새어나갈 것이라고 전망했다. 이성욱 한국지식재산연구원 연구원[8]은 "제한적이고 배타적인 환경은 3D 프린터와 관련한 발전 및 성장 동력을 잃게 할 가능성이 있다"고 말하여 어려움을 토로했다.

3.6 표준화 수요분석

지금까지 3D 프린팅 산업 분야에 있어서 표준화 수요를 체계적으로 조사하고 정리하여 발표된 자료는 확인되지 않고 있지만 최근에 SASAM 프로젝트에서 표준화 수요를 체계적으로 조사한 바가 있다. 3D 산업 표준화 수요조사는 설문조사와 인터뷰를 통해 유럽을 중심으로 하는 이해당사자들의 의견을 최대한 반영하였는데 그중에도 공정의 안전성, 제품의 품질, 소재 및 생산성 등이 가장 관심사로 조사되었으며, 시급한 3D 프린팅 표준화 항목으로는 재료특성 데이터베이스 구축, 티타늄 그레이드 1(비-합금 티타늄), 기하학적 허용오차 등으로 조사되었다.

SASAM 프로젝트는 유럽 FP7(Seventh Framework Programme: 유럽의 기술개발 연구비 지원기관)로부터 재정지원을 받은 24개의 관련 프로젝트를 조사하여 각각의 프로젝트의 추진 목표 내에서 3D 프린팅 기술의 표준화와 관련이 있는 부분을 조사하였다. 이와 병행하여 SASAM 프로젝트 참여기관을 포함한 3D 프린팅 산업계 이해당사자들로부터 의견을 수립한 후에 주요 표준화 대상을 용어, 디자인, 시험방법, 소재 및 공정, 데이터 처리로 정하고 3D 프린팅 표준화 로드맵 작성에 이를 반영하였다. 특별히 SASAM 프로젝트 참여기관들은 102개의 업체 및/또는 전문가들로부터 설문을 통하여 3D 프린팅 기술의 표준화를 효율적이고 체계적으로 추진하기 위한 표준화 항목 및 그 우선순위를 지수(표준화의 우선순위를 정도에 따라 수치로 낮음(1)~높음(5)

으로 구분하고 이를 (1) 제품의 품질, (2) 소재(금속, 폴리머, 세라믹) 및 (3) 기타 항목으로 분류하여 **그림 3.16**과 **그림 3.17**에 정리하였다.

(1) 품질 관련 우선순위

3D 프린팅 제품의 품질과 관련하여 표준화가 가장 시급한 항목은 제품의 기하학적인 허용오차로 조사되었으며 그 다음으로 금속시편의 인장강도, 제품의 크기, 길이 및 각도에 대한 허용편차, 피로시험, 유연강도, 충격강도 등의 순서로 파악되었다. 색상이나 외관, 마찰계수 등은 아직 표준화가 시급하지 않은 것으로 조사되었다.

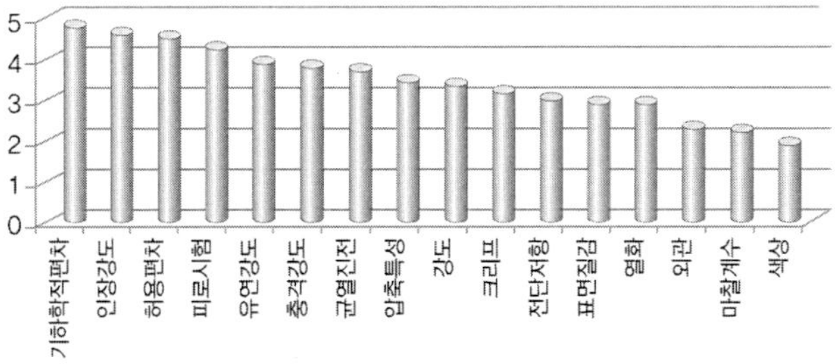

그림 3.16 품질 관련 표준화 조사결과[4]

(2) 폴리머소재 표준화 우선순위

3D 프린팅 제품의 폴리머 소재와 관련하여 표준화가 가장 시급한 항목은 폴리아마이드 계열인 PA12, PA11, 방염 PA12, 합성수지 ABS(Acrylonitrile Butadiene Styrene) 및 고무류 등의 순서로 나타났으며 PA6의 경우 표준화가 시급하지 않은 것으로 조사되었다.

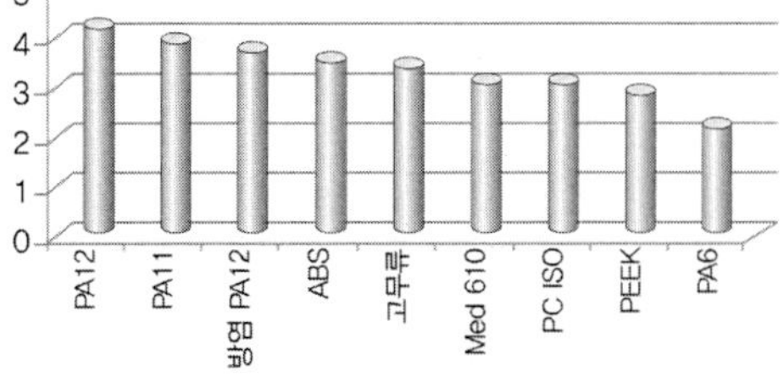

그림 3.17 폴리머 표준화 우선순위 조사결과[4]

참고문헌

1. 특허번호: 4,575,330
2. 특허번호: 5,121,329
3. 특허번호: 5,639,070
4. Gridlogics 2014, “3D printing Technology Insight Report”
5. 한국지식재산보호협회 “해외특허분쟁 대응전략 로드맵[3D 프린팅]” (2015)
6. The Science Times 김연희 3D 프린터 저작권 문제 (2015)
7. 크리스토퍼 버넷 “3D Printing Next Revolution” (2014)
8. 이성욱 한국지식재산연구원 연구원 “3D프린팅과 지재권의 문제” (2014)
9. Kipris, http://patent2.kipris.or.kr

CHAPTER 04

3D 프린팅에 의한 생산, 소비형태의 변화

4.1 생산형태의 변화

4.1.1 3D 프린팅의 기존 생산방식과 비교

3D 프린팅 기술은 초창기에는 단순 시작품 제작에 활용되었으나 향후 다양한 분야에서 활용될 것으로 전망되어 산업혁명과 같은 혁신을 유도하리라는 전문가들이 예측하는데 어떤 이유로 향후 혁신의 중심에 있을 수 있는가? 여러 가지 이유가 있을 수 있지만 향후 소품종 대량생산 시대에서 다품종 소량생산으로, 제품의 다양화 및 개인의 요구에 맞는 제품으로 변화함에 따라 제품의 형상이 복잡하여지고 제조시간의 단축이 요구되며 무엇보다도 제품 제작 가격이 저렴하여지므로 3D 프린팅 기술은 향후 널리 각 분야에서 활용될 수 있다는 이유를 꼽을 수 있다. 다만 3D 프린팅은 금형 등을 사용하여 제품을 생산하는 제조방식에 비하여 내구성과 생산성에서 뒤떨어져 완제품의 대량생산을 대체하기에는 어려운 단점이 있다. 현재 이러한 단점을 개선하기 위하여 여러 가지로 노력하고 있어 곧 극복되어 생산 방식의 변화가 이루어질 것이다.

3D 프린팅의 장단점으로 **표 4.1**에 요약하였다.

3D 프린팅은 기존의 표준화된 대량생산 공정으로부터 개인화된 제품들을 직접 제작할 수 있어 제품의 기획으로부터 시제품 구현까지 시행착오가 획기적으로 단축되어 3D 프린팅 산업은 급격하게 증대될 것이다. 특히 인터넷의 발달로 인터넷을 통한 데이터 전송은 기존의 유통방법인 제품의 전송을 의미하고 소비자가 제품을 직접 제작할

수 있어 기존의 패러다임의 변화를 가져올 것으로 전망된다.

표 4.2에 기존의 제조업 패러다임 변화를 정리하였다.

표 4.1 3D 프린팅의 장단점

장점	단점
어떠한 복합한 형상도 빠른 시간 내에 정밀하게 제작이 가능하다.	생산성이 뒤떨어진다.
대부분의 공정이 자동으로 이루어진다.	
가격이 저렴하다.	내구성이 떨어진다.
버려지는 재료가 거의 발생하지 않는다.	
누구나 쉽게 제작이 가능하다.	프린팅 재료가 다양하지 못하다.
디자인에 의하여 개인의 맞춤형 조형이 가능하다.	

표 4.2 전통제조업과 3D 프린팅을 통한 제조업 비교[1]

	투자	생산	판매	재무 관리
전통 제조업의 한계	**금형비** • 비용 및 디자인 자유도 측면에서 제품 개발 단계의 가장 큰 걸림돌 • 수천만 원에서 수억 원의 금형 제작 비용 및 수개월 제작 기간 • 금형으로 구현 가능하고 경제적인 디자인으로 타협 필요	**재고관리비** • 부품과 완제품의 적정재고 운영 필수 • 재고유지 및 주문비용, 이에 따른 기회비용 **부품수급(SCM)** • 다수의 부품을 제작, 수급하여 조립하므로 SCM 비용이 높고 복잡	**최소주문** • 비용타산이 맞지 않는 소량주문 고객 판매 불가능 **고객만족도** • 맞춤형 제품 높은 가격 • 제조공정의 한계로 Optimun design 구현 불가능	**투자의사 결정** • 높은 초기 투자비용에 따른 의사결정 어려움 및 투자비 회수관리 **재고자산의 회수 불확실성** • 현금유동성 악영향 • 중소기업 흑자도산 원인되기도 함
3D 프린팅이 바꾸는 제조업	• 금형 투자의 고정비용을 낮춰 소량 생산 가능 • 금형의 디자인 한계를 없앰	• 주문제작으로 재고 수준 낮춤 • 부품 통합하여 조립비용절감 SCM 단순화	• 최소 주문 수량 감소 • Mass customization 향상된 성능과 디자인	• 투자 실패 리스크 감소 • 회수 불확실 자산 감소로 경영 리스크 감소

4.1.2 CNC와 3D 프린팅 비교

CNC(Computer Numerical Computer)란 컴퓨터 수치제어가 가능한 기계를 의미한다.

세계 최초의 1801년 '자카르'에 의하여 만들어진 NC 기계는 기존의 공작기계에 종이테이프로 수치를 시스템에 입력하는 것으로 모터의 동작을 제어하도록 개조한 것으로 시작되었다. 1940년대부터 1950년대에 구축되어 초기의 서보 메커니즘에는 아날로그 컴퓨터나 디지털 컴퓨터가 계속 강화되어 CNC 공작기계가 되었고 설계 공정에 큰 변화를 가져왔다. MIT 연구팀이 밀링 머신에 NC 장치를 설치한 것이 최초의 진공관식 CNC 공작기계이다.

그림 4.1 CNC 밀링머신[2]

CNC의 장점 및 단점은 표 4.3과 같다.

표 4.3 CNC의 장점 및 단점

장점	단점
• 표면의 품질이 우수하다.	• 복잡한 형상 가공에는 문제점이 생긴다.
• 정밀도가 우수하다.	• 복잡한 형상은 분할 가공하여 접하기에 정밀도가 떨어진다.
• 다양한 재료를 사용 가능하다.	• 작업자의 숙련도가 필요하다.

CNC 작업은 투명재료, 단순형상의 대형물, 고정밀도, 고강도의 조형물을 만드는 데 적합하다. 3D 프린터의 장단점은 CNC의 단점과 장점이 바뀐다. 따라서 여러가지 색깔의 복잡한 형상의 조형물을 제조하는 데는 3D 프린팅을 사용하는 것이 적합하다.

4.2 3D 프린팅 생산 조형물 활용

3D 프린팅 기술이 생산제조에서 어떠한 용도로 조형물에 활용되는 분야는 테스트, 마케팅, 마감, Tooling, Connex, 제조 및 의료 분야라고 「Stratasys」사가 보고하였다.[3]

(1) 테스트

- 외관 테스트: 외관테스트는 3D 프린팅 조형물로 쉽게 확인할 수 있어 가장 일반적인 방법이다.
- 조립성 테스트: 높은 공차 정밀도를 가진 조형물을 프린팅할 수 있고 다양한 재료로 프린팅이 가능하기 때문에 실제로 조립을 해볼 수 있다.
- 기능성 테스트: 디자인 기능을 검증하는 것으로 3D 프린트물의 기능을 실제 환경에서 테스트 가능하고 결함들이 확인되었을 시 개선을 생각할 수 있다.
- 인체공학적 테스트: 3D 프린팅 조형물로 작업자에게 맞는 인간 공학적으로 접근이 가능하다. 예를 들면, 인간공학적인 가구 디자인을 위하여 시제품을 3D 프린터를 사용하여 제작하여 검토할 수 있다.
- 풍동테스트: 항공우주, 건축, 자동차, 조선 분야에 필요한 풍동테스트(Wind tummel test)에 응용된다. 3D 프린팅을 함으로써 재료의 내구성, 부품의 맞춤성 등을 알 수 있다.

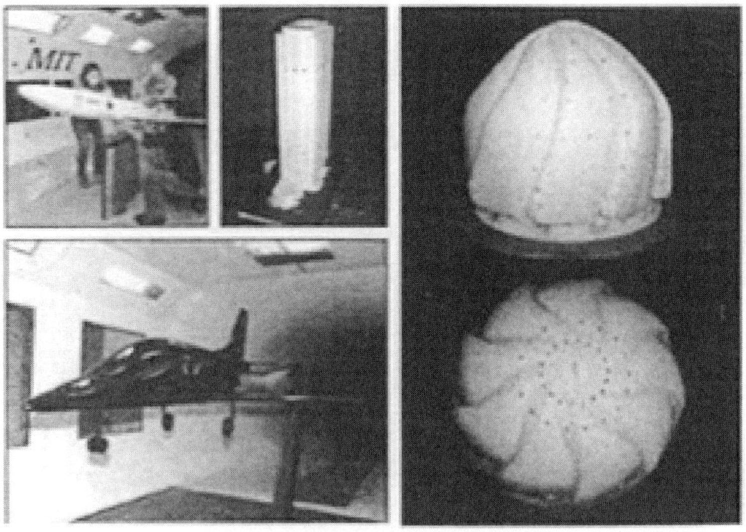

그림 4.2 3D 프린팅 테스트 조형물[3]

(2) 마케팅

영업용 마케팅 샘플을 제작해서 활용할 수 있다. 건축 분야에서 3D 프린팅 미니어처(miniarcher) 모형으로 또는 모델하우스를 제작하여 마케팅 활용에 가능하다.

그림 4.3 3D 프린팅 미니어처[4]

(3) 마감

3D 프린팅은 색깔 구현이 용이하여 페인팅의 마감처리에 장점을 가지고 있다. 또한 Touch감을 알 수 있게 하여 인체공학적인 표면처리를 가능하게 해준다.

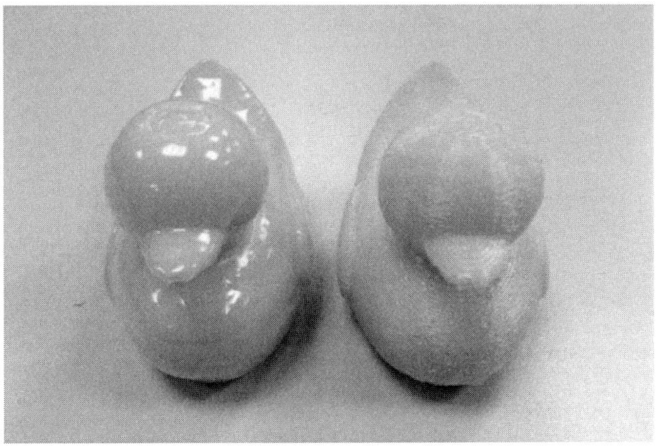

그림 4.4 표면처리한 3D 프린터 출력물[5]

(4) 간이금형

3D 프린팅으로 임시금형을 제작하여 시간과 경비를 절약할 수 있다. 대표적으로 활용되는 것이 실리콘 금형을 3D 프린터로 제작하여 Master Pattern으로 사용된다. 이는 복잡한 형상의 금형을 3D 프린팅으로 제조하여봄으로써 미세형상이나 표면구도가 섬세하게 구현되는가를 알 수 있다.

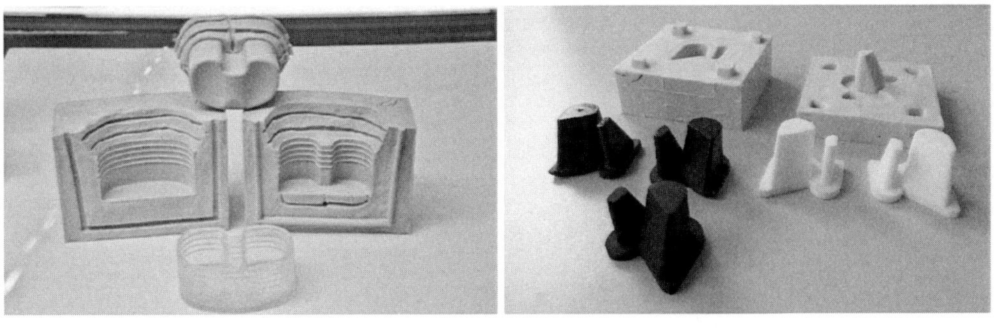

그림 4.5 실리콘 몰딩[6]

또한 사출금형을 3D 프린팅으로 제작하여 간이금형으로 사출물을 제작하여 시작품이나 100개 이내의 제품을 간이금형으로 생산할 수 있게 한다. 이는 자동차산업 분야에서 널리 활용될 수 있다.

그림 4.6 3D 프린팅 사출금형[6]

그림 4.7과 같이 Sand Casting 마스터 제작하여 활용한다. 실리콘 금형, 사출금형, 샌드케스트 금형뿐 아니라 탄소섬유금형, 판금성형 분야에 활용된다.

그림 4.7 3D 프린팅 샌드케스팅[6]

(5) 연결(Connex) 부품

Seal, Gasket(씰-가스켓)을 제작하거나 연결부품으로 사용하는데 연질재료로서 3D 프린팅하여 부드러운 촉감의 샘플을 제작할 수 있다.

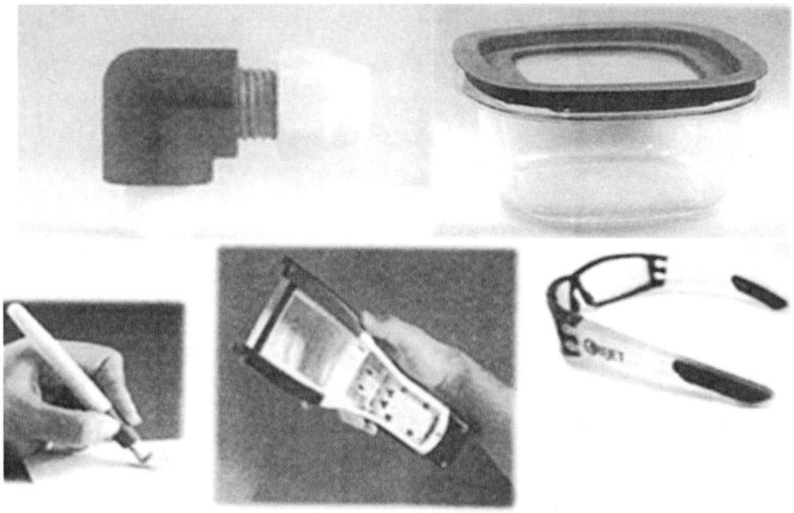

그림 4.8 3D 프린팅 Connex[3]

또한 얇은 연질소재로 움직이는 경첩 제작이 가능하다. 이러한 종류의 제품은 2가지 재질을 사용하는 적층으로 재료의 혼합 또는 복합재질을 사용하는 오버 몰딩 기능을 할 수 있다.

그림 4.9 3D 프린팅 overmolding 제품[11]

경도가 다른 재질을 사용하여 3D 프린팅으로 제품을 다양한 물질로서 제작할 수 있다. 2가지 재료뿐만 아니라 3가지 재료를 동시에 분사하여 다양한 기능과 모양의 제품도 가능하게 되었다.

뿐만 아니라 2D 프린터의 컬러 프린터처럼 여러 가지 색상의 재료를 분사하여 색상 선택을 자유자재로 가능하게 한다. 2~3가지의 소재 또는 색상이 다른 소재를 동시에 분사할 수 있는 FDM 방식의 프린터(**그림 4.10**)가 나오게 되어 **그림 4.11**과 같은 조형물의 프린팅이 가능하게 되었다.

그림 4.10 stealth(로킷사): 3가지 컬러 프린팅 가능 프린터[7]

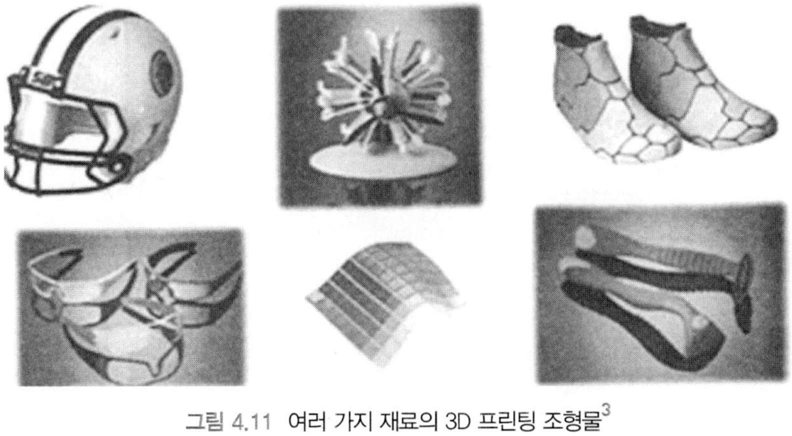

그림 4.11 여러 가지 재료의 3D 프린팅 조형물[3]

FDM 방식으로서 높은 강도가 필요한 조형물 제작에는 ABS 재료 또는 복합소재를 사용한다. 이러한 ABS 소재를 다른 재료를 조합함으로써 연질과 경질이 혼합되어 있는 조형물 제조가 가능하게 된다.

그림 4.12 연경질 재료의 3D 프린팅 조형물[3]

(6) 부품의 제조용 도구

완제품의 부품을 3D 프린터로 금형 없이 미리 제작하여 허용공차, 조립공차 내의 정밀도를 구현하게 하여주고, 내구성 등을 위한 부품의 두께 등을 결정하게 하여준다. 더욱 나아가 최종 제품과 유사성을 미리 3D 프린팅 조형물로 차이를 확인할 수 있다. 뿐만 아니라 장비 또는 생산라인 운영의 편리성, 조작의 편의성, 후처리 복잡성, 수작업 여부, 소모품의 교체주기 등을 확인할 수 있게 해준다.

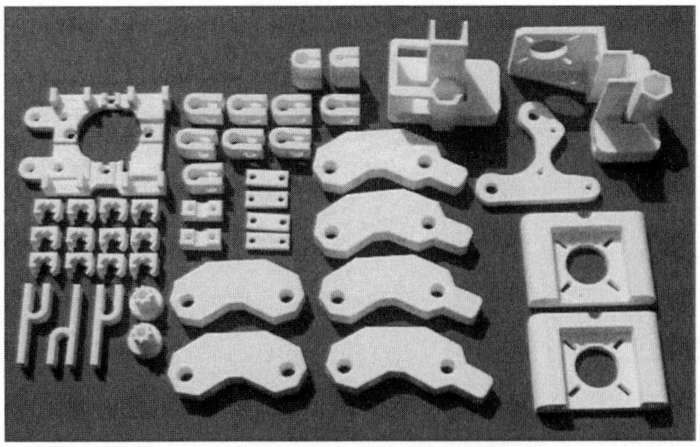

그림 4.13 3D 프린팅 부품조형물[8]

제조용 도구로서 제품생산에 맞는 Zig와 Fixture를 제작하여 제품 제조를 용이하게 하여준다. 또한 조립 / 생산, 테스트 / 검사, 이송 등의 다양한 분야에서 활용된다.

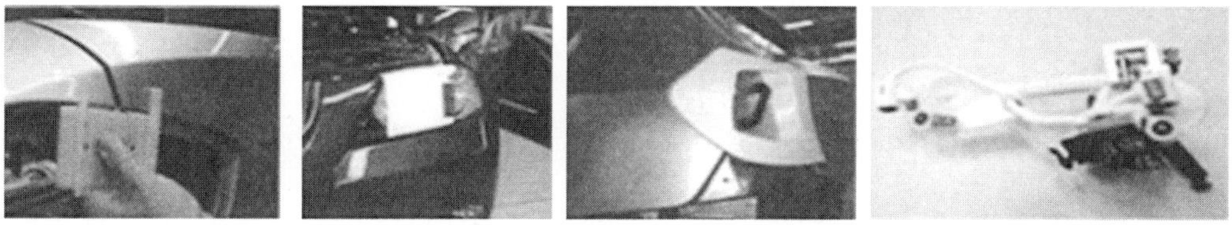

그림 4.14 BMW의 Jig 제작 및 활용[3]

(7) 의료 분야

의료 분야에서 임플란트, 치과용 보철, 보청기 등의 환자 개인에게 맞는 제품을 정밀하게 구현할 수 있다. 이와 같이 여러 가지 분야에서 3D 프린팅은 활용되며 3D 프린팅 기술의 발달은 향후 더 다양하고 정교한 제품으로 활용될 것이다.

그림 4.15 바이오 프린터[9]

4.3 3D 프린팅의 재무적 관심

4.3.1 제작비용 절감

3D 프린팅의 강점은 저렴한 제작비용이다. 3D 프린팅에 소요되는 비용은 다음과 같이 계산할 수 있다.

- 고정비 장비 투자비: 장비 구입비와 감가상각비, 유지보수비, 공간임대비 등을 들 수 있는데 기존의 장비, 기계에 비하여 부피가 작고 조작이 간단하다.
- 가변비: 소재비용, 소모품 비용, 전기, 수도비 등을 들 수 있는데 3D 프린팅에서는 버려지는 재료가 거의 없다.
- 인건비: 대부분 공정이 자동으로 이루어진다.

4.3.2 제품의 빠른 출시

외주 제작에 소요되는 비용 절감은 물론 외주와의 커뮤니케이션과 설계, 제작에 드는 시간이 절약되므로, 제품출시가 단축된다. 향후 점점 경쟁사회에서 빠른 제품의 출시는 판매기회의 확대, 경쟁 시 시장선점에서 매우 의미가 크다.

4.3.3 생산성 향상

시작품 제작의 시간감소, 디자인 변경 등에 대한 빠른 의사결정에 의한 제품 생산 Cycle이 짧아짐에 따른 생산성 향상을 들 수 있다. 또한 전담인력을 지정하여 제작관리 및 장비관리를 용이하게 할 수 있어 장비 가용성 면에서 이점을 지닌다. 또한 기존의 제작관리 시스템에 CAD 도면 관리를 더하여 제품 이력 관리 및 시작품 제작 데이터를 추적하여 다음 제품 개발 시 시간을 단축시킬 수 있다. 3D 프린팅 기술의 여러 가지 장점을 이용한 제조방식은 미리 재고를 확보하여 둘 필요 없이 생산 → 유통 → 소비의 산업체제를 소비 → 생산 → 유통 구조의 주문생산 체제로 바꿀 수 있다. 기존 제조 공정과 3D 제조 공정을 비교 검토하여 **표 4.4**에 나타내었다.

표 4.4 3D 프린팅 방식과 기존 방식의 비교

제품개발	기존방식	3D 프린팅 방식
시간 및 경비면	개발품을 생산하기 위하여 여러 번의 금형제작과 수정으로 시간 및 경비 필요	3D 모델링으로 확인 후 3D 프린팅으로 확인, 수정이 필요시 디자인 수령 후 프린팅 (시간, 경비 절약)
개발의 단계	단계가 금형제작 가공성형 등 여러 단계임	디자인에서 성형까지 One Step
보안관계	도면의 외부 유출로 디자인 누설 가능성	외부 누설 가능성 감소
제품 출시	외부 제작 등 제품 출시 지연 우려성	전통적 방식에 비하여 상대적으로 짧은 시간으로 제작 가능
생산성	제품 개발에 있어서 실물로서 의견, 교환하려면 여러 단계를 거쳐야 함	의견교환 가능하게 하여 설계 능력 향상 팀 커뮤니케이션 향상으로 인한 생산성 증가
제품경쟁력	제품 품질 향상을 위하여 노력 많이 듦 디자인 개발 비용 등	빠르고 단순한 절차를 시간, 경비 절약으로 제품 경쟁력 향상
제품 디자인	제품의 성형 가능성과 디자인의 합리성을 알기 위해서는 시제품 제작을 하여야 함	디자인 개발비용이 많이 절약 제품의 성형 가능성, 디자인 합리성 등을 쉽게 알 수 있음

4.4 산업의 변화

3D 프린팅 기술의 발달은 종래의 제조업의 생산에서 혁신뿐만 아니라, 투자, 판매, 재무관리 등의 전 단계에 변화를 가져오게 한다.(**표 4.5**) 전문가들은 3D 프린팅 기술이 현재의 산업에 미치는 영향은 매우 클 것으로 전망하고 100년 전 Henry Ford가 자동차 대량 생산의 혁명을 나타낸 것과 같은 변화를 예상하고 있다.

이처럼 제조업에서의 생산뿐만 아니라 향후에는 3D 프린팅으로 인해 디지털화(Digitalize)되어 이제까지 없었던 새로운 방식의 생산, 유통, 소비 방식을 창조할 것이다.

표 4.5 3D 프린팅의 제조업에서의 변화

	투자	생산	판매	재무관리
전통 제조업의 한계	**금형비** • 비용 및 디자인 자유도 측면에서 제품 개발 단계의 가장 큰 걸림돌 • 수천만 원에서 수억 원에 이르는 금형 제작 비용 및 수개월의 제작기간 • 금형으로 구현 가능하고 경제적인 디자인으로 타협 필요	**재고관리비** • 부품과 완제품의 적정재고 운영필수 • 재고유지 및 주문비용, 이에 따른 기회비용 **부품수급(SCM)** • 다수의 부품을 제작, 수급하여 조립하므로 SCM 비용이 높고 복잡	**최소 주문수량** • 비용탕산이 맞지 않는 소량 주문고객 판매 불가능 **고객만족도** • 맞춤형 제품의 높은 가격 • 제조 공정의 한계로 Optimum design 구형 불가능	**투자의사 결정** • 높은 초기 투자비용에 따른 의사결정 어려움 및 투자 회수 관리 • 재고자산의 회수 불확실성 • 현금유동성에 악영향 • 중소기업의 경우 흑자도산의 원인이 되기도 함
3D 프린팅이 바꾸는 제조업	• 금형 투자의 고정비용을 낮춰 소량 생산 가능 • 금형의 디자인 한계를 없앰	• 주문제작으로 재고 수준 낮춤 • 부품을 통합하여 조립 비용 절감 • SCM 단순화	• 최소 주문수량 감소 • Mass customization	• 투자 실패 리스크 감소 • 회수 불확실 자산의 감소로 경영 리스크 감소

표 4.6 3D 프린팅으로 인한 디지털화[3]

디자인의 디지털화	유통의 디지털화	생산의 디지털화
3D CAD, 3D 스캐너 등을 이용하여 비전문가도 제품의 디자인과 수정이 가능	오픈소스, Co-design 커뮤니티, 디자인 공유/판매장터 등 제품의 유통이 물류에서 벗어나 온라인상에서 이루어짐	생산 단계에서 디자인의 즉각적인 수정이 용이, 소량 생산의 경제성이 높아지고, 언제 어디서나 필요할 때 생산이 가능

일본 혼다사는 소비자들이 Honda-3D.com을 이용하여 소비자 자신들의 자동차 모델을 인쇄, Ford사는 CAD(computer aided design) 데이터와 소재에 대한 정보를 제공하여 소비자들이 보수 및 수리용 부품을 직접 인쇄할 수 있도록 할 예정이다. 이와 같이 미래에는 소비자들이 직접 자신의 자동차를 제조하여 사용할 수 있는 시대가 도래할 것으로 예상된다. 이와 같은 변화에 따라 3D 프린팅 기술이 촉발할 산업 혁신은

Market Report에 의하면, 디자인 분야에 혁신 → 제조 시스템 재고관리의 변화 → 3D 디자인 데이터 유통 활성화 → 개인 맞춤형 생산 활성화로 요약된다고 보고하였다.

(1) 디자인 분야의 혁신

최근 저렴한 3D 프린터의 출현으로 2D 프린터처럼 가정으로의 확대를 전망할 수 있으나, 개인이 3D 프린터 활용에서 제품을 만들어 내기까지에는 제품의 디자인, 소재 선택, 프린팅 속도 등의 문제점을 극복해야 하므로 Wohlers Associates사는 Kinko나 Staples 같은 오피스 전문점에 설계도 파일을 가져다 주어 3D 프린팅을 대행하여 주는 시스템을 전망하였다.

(2) 제조시스템과 재고관리의 변화

기존 공정을 대체할 수 있는 비용과 품질 경쟁력을 갖춘 3D 프린팅 기술이 프린터 제조회사, 중소기업, 3D 전문기업들이 출현할 것이다. 이 기업들은 3D 프린팅의 장점을 활용할 수 있는 응용분야를 많이 개척할 것으로 전망된다. 특히 공정의 변화로 인한 공정시스템의 변화뿐 아니라 재고의 부담을 덜어버릴 수 있다. 그러면 대기업은 이 기업을 흡수 통합 방향으로 흘러갈 것이다.

(3) 3D 디자인 데이터 유통 활성화

3D CAD 모델링 툴, 3D 디자인 DB 웹 장터, 오픈소스 프린터 제조 등 수천 개의 서비스 업체가 생겨나고 있고 향후 더욱 더 확대될 것으로 전망된다.

표 4.7 대형 제조사와 유통업체의 참여, 상업화의 서막

HP	'14년 하반기 3D 프린터 사업 시작 예정(기업영 집중 전망)
Staples(사무용품 유통업체)	'13.5월 3D 프린터 온라인 판매 개시
Amazon	'13.6월 3D 프린터 및 자료를 판매하는 온라인 스토어 신설
eBay	'13.7월 3D 프린터로 제작한 물품을 파는 모바일 쇼핑몰 'eBay EXACT' 개장 3D 콘텐츠와 One-Demend 서비스 통합 플랫폼
Thingiverse, Cubify, 3D Watehouse	3D 콘텐츠 공유사이트

(4) 개인 맞춤형 생산 활성화

패션, 교육, 엔터테인먼트, 건설 등에서 새로운 형태의 시장을 형성할 것이다. 예를 들면, 패션은 개인의 취향에 맞는 디자인을 선택하여 적정한 가격에 구매가능한 시장이 구축될 것이다(예: 나이키 웹사이트).

그림 4.16 나이키 3D 프린팅 신발[10]

교육시장에서는 이론을 실제로 구현하여 보는 실험 교재활용을 할 수 있다. 엔터테인먼트 분야의 개인 취향의 장난감, 캐릭터, 식기 등이 출현할 것이다.

4.5 소비자 관점에서의 3D 프린팅 기술

3D 프린팅 기술의 변화를 소비자 입장에서 분석하여 보면, 소비자 맞춤형 생산이라는 점이 종래의 방식과는 매우 다른 점이다. 즉 산업혁명을 통하여 구축된 대량생산 체제에서 소량 다품종 체제로, 더욱 나아가 주문생산 체제로 변화된다. 소비자 생산 체제로 나아갈 수 있는 점이 기존의 생산체제와는 크게 다른 점이다.

통신전자 기술의 발달로 인한 3D 프린팅과 인터넷이 연계된 새로운 시장으로 전개될 것이다. CAD 전문가가 아니라도 다른 디자이너의 3D 모델 수정 툴을 사용하여 개인의 취향에 맞는 디자인을 할 수 있다.

- Digital Forming(UK): CAD를 사용하지 않고 기존의 3D모델을 수정하여 주문제작을 할 수 있다.
- Quirky(뉴욕): 페이스북에서 Like가 많은 제품을 채택, 사용자 리뷰 반영 최종 디자인/가격을 결정할 수 있다.

최근 저렴한 3D 프린터의 출현으로 2D 프린터처럼 가정으로의 확대를 전망할 수 있으나, 개인이 3D 프린터 활용에서 제품을 만들어 내기까지에는 제품의 디자인, 소재선택, 프린팅 속도 등의 문제점들을 극복해야 하므로, Wohlers Associates사는 Kinko나 Staples 같은 오피스 전문점에 설계도 파일을 가져다주어 3D 프린팅을 대행하여 주는 시스템을 전망하였고, 많은 벤쳐기업들이 설계도 파일을 판매, 관리하여 준다고 예상하였다. Staples사는 3D 프린터 제조사인 Mcor Technologies사와 계약을 맺고 서비스를 실시하고 있다.

참고문헌

1. KT경제경영연구소 "ICT와 3D 프린팅에 의한 제3차 산업혁명" (2012)
2. 디엠지모리코리아 www.dmgkorea.com
3. IRS Global (2016)
4. XYZist https://xyzist.com
5. 3D 프린터 공작소 - 티스토리
6. Pinterest www.pinterest.co.kr
7. 로킷사 3disonprinter.com
8. STEMulate Learning
9. 로봇신문사 http://www.irobotnews.com
10. www.xyzist.com "3D 프린팅을 활용한 나이키의 놀라운 디스플레이"
11. https://proto3000.com/applications/simulating-overmolding

CHAPTER 05

3D 프린팅 산업과 시장

5.1 3D 프린팅과 제조업

5.1.1 제조업에서의 역할

3D 프린팅은 방위산업, 항공산업, 자동차산업, 보건의료산업을 포함하는 다양한 제조산업에서 실용적으로 활용되면서 급격하게 발전하고 있다. 또한 전통 제조업에서 고비용이 들거나 또는 노동력이 많이 소요되는 모형(Prototype) 제작을 신속하게 제작하는 것이 가능하게 함으로써, 비용을 절감할 수 있으며 고품질의 모형을 한 번에 제작할 수 있게 한다. 뿐만 아니라 3D 프린팅은 소재의 적층방법을 정확하게 조절할 수 있어서 전통 제조업에서 제조할 수 없는 구조의 실현이 가능하다. 따라서 3D 프린팅은 미래 제조업에서 활용되어 핵심기술로 발전할 것으로 전망된다. 3D 프린팅을 활용하는 세계 시장은 2015년 기준 약 51억 달러(Wohlers Repert사 보고서)에서 향후 2021년

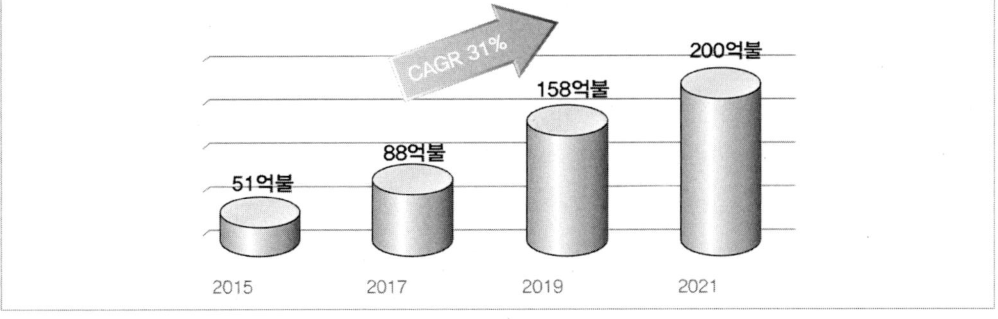

그림 5.1 세계 3D 프린팅 시장 규모 및 성장률[1]

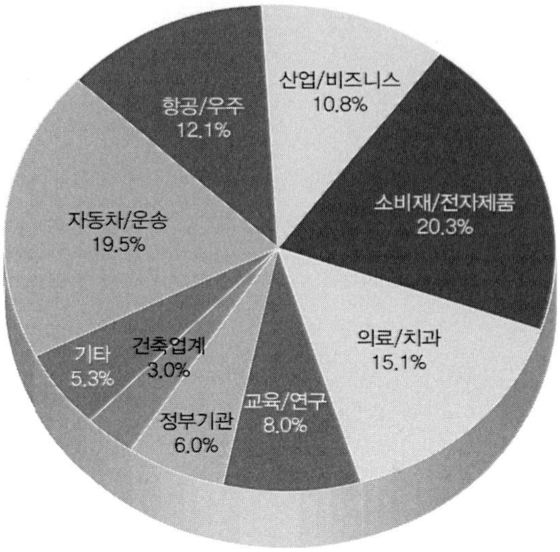

그림 5.2 분야별 3D 프린팅 기술 활용[1]

에는 200억 달러로 증가할 것으로 전망하였다.(**그림 5.1**) 3D 프린팅 시장은 프린터, 소재 및 서비스로 구분하면 최근 서비스 시장이 증가하는 추세이다.

3D 프린터의 활용시장은 **그림 5.2**에 나타내었듯이 소비재와 자동차 분야가 각각 약 20%를 차지하며 의료/치과 분야와 항공우주가 각각 12%, 산업장비 11%, 교육 8%, 정부/군대 6%, 건축 3% 순으로 나타났다. 향후에는 자동차 분야와 항공분야의 시장 비율이 크게 증가할 것으로 예상되며, 의료 및 치과 분야는 강한 성장 잠재력을 가지고 있다.

3D 프린터의 구체적인 활용사례를 **표 5.1**에 정리하였다. 자동차 분야에는 대시보드, 바디 패널 등의 시제품 제작에 활용되고 있으며, 항공/우주 분야에는 알루미늄 동체 제작, 무인 정찰기 등의 제작에 활용되고, 특히 보잉사는 항공기의 주요 부품 제조에 직접 이용하고 있다. 의료 분야에는 인공치아, 인공뼈, 인공관절 등의 보형물 제작에 활용되고 있으며, 건축 분야에는 건축모형 제작 이동건축에 활용되고 있다. 이외에도 구두 시제품 제작, 영화용 캐릭터 제작, 완구류 모형 제작 및 GPS 디바이스 등 각종 소비자 가전 모형 제작 등에 활용되고 있다. 아직은 자동차, 항공기 등의 부품제작에 직접 활용되고 있지 않는데 이유는 내구성 및 정밀도 구현에 어려움이 있기 때문이다.

표 5.1 3D 프린팅 제조업에서의 활용 사례

활용 분야	사례	예	활용 분야	사례	예
자동차	• 대시보드, 바디패널 등의 시제품 제작		항공/우주	• 알루미늄 동체 등의 제작 • 무인정찰기 • 주요 부품 제작 (보잉)	
의료	• 인공 치아나 인공 뼈, 인공관절 같은 보형물 제작	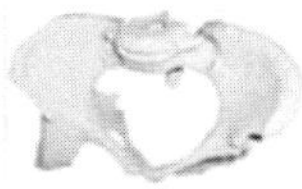	건축	• 건축 모형 제작	
패션	• 구두 등의 시제품 견본		엔터테인먼트	• 영화용 캐릭터 제작 (리얼스틸의 로봇)	
완구	• 완구류 모형 제작		소비자 가전	• GPS 디바이스 등 각종 소비자 가전 프로토타입 제작	

5.1.2 3D 프린팅의 기술의 항공산업과 자동차산업 활용

향후 가장 3D 프린팅 기술의 활용이 많은 부분이 항공 및 자동차산업으로 예측된다. 그 이유로서 3D 프린팅으로 직접 제품을 생산하는 경우, 모형이나 금형을 따로 만들 필요가 없어 생산원가의 저렴화 및 생산주기의 감소가 가능하여 증기기관의 발명과 포드의 대량생산 방식의 2차 산업혁명을 넘어 제3차 산업혁명을 유발하는 효과를 나타낼 수 있다. 따라서 3D 프린팅 기술발달은 차세대 제조업의 혁신을 선도할 것으로 기대된다. 시장조사업체인 월러스 어소시에이츠는 향후 세계 제조업체의 25% 이상이 3D 프린팅을 적극적으로 활용할 것으로 예상하고 있다. 특히 항공산업과 자동차산업에서 부품의 3D 프린팅의 활용에 의하여 성능향상, 유지보수의 감소, 부품의 견고화, 경량소재의 사용에 의한 연료비의 절감이 가능하다고 하였다. 그 예로써 보잉사는 3D 프린팅으로 항공기에 사용하는 22,000개의 부품을 제작한다고 하는데 전통 제조기술로는 20개 부품으로 제조하는 것을 3D 프린팅에 의하여 1개의 부품으로 제작이 가능하므로 재고 감소, 조립 불필요, 검사와 유지 보수시간 감소 등의 효과를 얻고 있다. Airbus사도 **그림 5.3**에 나타낸 것처럼 날개 부분의 부품을 3D 프린팅으로 제작하였다.

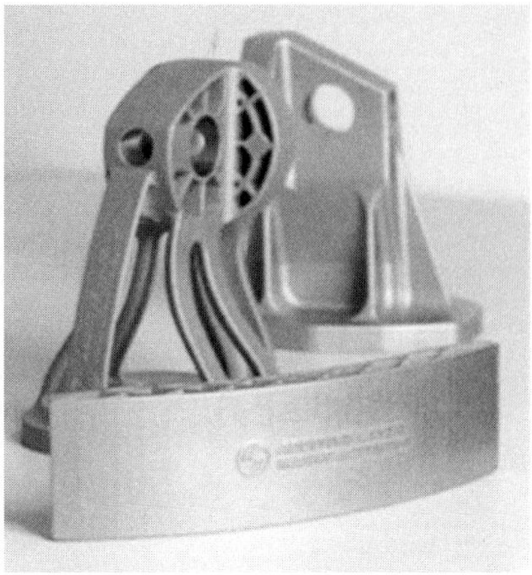

그림 5.3 3D printed metal Airbus wing bracket (경량 & 고강도)[2]

항공회사뿐 아니라 주요 자동차 제조사들도 prototyping에 3D Printing을 활용 중으로 작은 소모품의 모형으로 시작하여 현재 부품제조에 응용하기 시작하였다. 예를 들면, **그림 5.4**에 나타낸 KOR Ecologic사가 제조한 세계 최초의 3D 프린팅 자동차 Urbee(하이브리드 모형 자동차의 외형만 인쇄)를 들 수 있으며, BMW는 가벼운 조립기구의 제조에 3D 프린팅을 활용하여 노동생산성을 향상시켰다. 현대 · 기아자동차는 Stratasys와 공동으로 차량 문짝 밑바닥 부분에 사용하는 간이 사출금형을 개발 중이며, 피닉스와 공동으로 차량 오디오 부분에 사용하는 정밀 금속부품의 금형을 개발하고 있다. 또한 3D 프린터로 생산한 부품을 시험차량 제작이나 설계검증 등에 활용하고 있다. 3D 프린터를 이용하면 부품개발 시간을 종래보다 1개월 정도 단축할 수 있다고 한다.

그림 5.4 3D 프린팅 활용 차량 Urbee[3]

뿐만 아니라, 3D 프린팅 소재로 복합재료의 사용이 가능하게 되어 자동차 제조기술이 혁신될 것으로 전망된다. 실로 자동차산업의 3D 프린팅 기술은 엄청난 속도로 발전하고 있다. 그러나 제한된 플라스틱, 금속, 복합재료 등의 3D 프린팅 소재는 자동차 제조에 3D 프린팅을 활용하는 데에 장애가 되고 있지만 향후 고강도의 소재가 개발됨에 따라 엄청난 변화를 일으킬 것으로 전망된다.

5.2 국내외 시장 현황

5.2.1 세계시장 현황

세계 선진국들은 3D 프린팅 기술이 산업 혁신을 일으킬 것이라는 확신하에 2012년부터 본격적으로 관심을 가지고 개발 및 연구를 하였다. 특히 미국은 오바마 대통령의 주도하에 3D 프린팅 기술 발전을 국가가 주도하였다. 이에 반하여 국내에서는 아직 중소기업 위주로 개발 중이고 대기업은 해외 선진기술을 엿보고 있으며 중국에서 저가의 프린터 및 제품의 개발로 인하여 어려움을 많이 겪고 있는 실정이다.

3D 프린터 업체는 산업용 프린터를 중심으로 성장하여 왔으나 최근 개인용 프린터 시장 진출 확산, Major 업체 간 M&A를 통해 대형화가 추세이다. Wohlers Associates('16)의

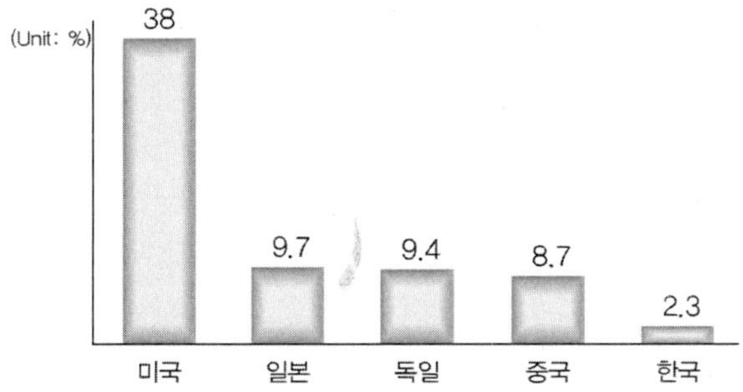

그림 5.5 3D 프린팅 세계시장 전망[1]

자료에 따르면, 세계시장 규모는 2021년까지 200억 불 규모로 고성장(CAGR 31%)이 전망된다. 또한 Markets and Markets('16)의 자료에 따르면, 국가별 시장 점유율은 기계, 항공 분야에 강점을 지닌 미국이 세계시장 점유율 1위(38%)이고, 한국은 8위 수준(4%)을 보이고 있는 것으로 분석되었다.

(1) 미국

3D 프린팅 기술은 1984년 미국에서 개발되어 그 후 주로 모형제작 등 소형 제품을 만드는 데 사용되었으나 최근에는 항공기 부품 등의 대형제품으로까지 활용하는 방향으로 확대되고 있다. 보잉사는 찬공기를 전자장비에 공급하는 배관을 비롯한 300개 정도의 소형항공기 부품을 3D 프린팅 기술을 이용하여 생산중이며 United Technologies Corp.는 항공기 엔진에 사용하는 날과 날개를 3D 프린팅을 사용하여 생산 중이다. Honeywell사는 3D 프린팅을 사용하여 열교환기를 생산 중이며 더욱 많은 부품 생산을 계획 중이다. GE는 사람 피부에서 나오는 초음파 이미지를 기록할 수 있는 초음파 의료영상기기에 3D 프린팅 기술을 활용하려 하고 있다.

현재 글로벌 시장은 미국이 주도하고 있으며, Stratasys사와 3D Systems사 2개사가 선두주자로 이끌고 있다. Apple, HP, Amazon과 같은 미국 대형 IT업체들이 3D 프린팅 시장에 관심을 가지고 있어 당분간 미국 기업들의 우세는 지속될 전망이다. 기업뿐 아니라 2012년 제조업 혁신 및 발전을 목표로 3D 프린팅 기관인 국립 첨삭 가공 혁신연구소(MAMIL)를 설립하여 미국의 제조업 쇠퇴 'Rust belt'로 추락한 미국 중서부 지역을 3D 프린팅 기술을 통하여 부흥시키겠다는 전략으로 노력하고 있다. 그 결과 중국, 인도 등 저임금 국가로 이동한 제조업을 다시 미국으로 가져오겠다는 전략이다. 뿐만 아니라, 국방부 에너지 상무부 국립과학재단의 3천만 달러 기금으로 3D 프린팅 특화 기관을 설립하여 적극적으로 국가가 주도하여 이끌고 있다.

(2) 유럽

유럽에서는 영국, 독일, 네덜란드 등에 있는 기업들이 3D 프린팅 분야에서 성과를 보이고 있으나 미국에 비해 시장이 작은 편이다. 주로 대학을 중심으로 3D 프린팅 기술개발을 활발히 진행 중이다. 전략은 아시아(특히, 중국)의 대량 생산화에 맞서 잃어버렸던

우위를 회복하고 시장을 재구축하고자 하는 전략이다. 예를 들면, 자동차(BMW사 MINI 및 시트로엥사의 DS3), 건설장비(JCB사) 안경렌즈(ESSILOR사) 물병(EVIAN 사), 산업용밸브(GUICHON VALVES), 여행용가방(CALIBAL), 에어컨(LENNOX) 등 모든 분야에서 3D 프린팅 기술이 활용되고 있다. 이중 네덜란드는 의료부분 시장에서의 3D 프린팅 활용을 주력하고 티타늄 소재의 인공턱뼈 개발과 이식을 성공하였으며 Ultimaker은 VU Medical Center와 함께 인공귀 개발과 보청기 제작에 3D 프린팅을 활용하는 노력을 계속하고 있다. 영국의 Big Innovation Center은 정부에게 3D 프린팅 기술개발에 대한 정책 추진을 제안하며 기업혁신기술부(BIS)를 중심으로 기업학계간 연계를 위한 다양한 정부 정책 발굴 및 지원, 마케팅 지원, 상업화 지원, 3D 프린팅 소재 개발 및 3D 프린팅 시장의 활성화로 인해 발생할 리스크 관리 등을 하고 있다. 영국은 탄소배출 감소를 위하여 3D 프린팅 기술이 도입되고 있다. 또한 초콜릿을 사용하여 원하는 형태를 입체적으로 재현하여 향후 초콜릿뿐만 아니라 쿠키, 젤리 등 다양한 음식들이 3D 프린팅 기술을 사용하여 완성되어 음식문화에까지 영향을 미치리라 본다. 독일에서는 의류, 패션, 캐릭터 분야에서 3D 프린팅을 활용하여 비키니 수영복을 비롯하여 장난감을 제작하고, 여성의류 제작을 전문으로 디자이너들이 3D 프린팅을 활용하여 시장개척을 하고 있다. 또한 나만의 휴대폰케이스와 실내전등 등을 3D 프린팅으로 제작하여 사용하고 있다.

(3) 일본

일본에서는 3D 프린터가 초기에는 고가 장비이기 때문에 시제품 조형을 위주로 하는 산업, 연구 용도로 시장을 형성하여 왔으나, 최근 점차로 프린터 가격이 하락하는 형세로 시장의 성질이 다르게 변화하고 있다. 일본에서 시장의 중심은 시제품 조형의 B to B 시장이다. 제조업 벤처와 같은 개인기업도 디자인성이 높은 제품 등에 3D 프린팅 기술을 활용하는 등 시장이 확대되었다.

(4) 중국

중국의 3D 프린팅 기술은 대학 및 일부 기업을 중심으로 빠르게 발전하고 있다. 이에 중국정부는 3D 프린팅 기술의 산업화 및 시장화 추진 관련기술 및 산업 국제교류 가속화 등을 목표로 베이징에 '기술산업연맹'을 조직하였는데 이 조직에는 중국 내 3D

표 5.2 중국 주요 3D 프린터 기업 및 제품[4]

구분	제품명	제품사진
우한빈후전기기계기술산업유한회사 (武漢濱湖机電技術産業有限公司) 화중과학기술대학쾌속제조센터 (華中科技大學快速制造中心) www.binhurp.com	HRPS 시리즈 분말소결쾌속성형시스템	
후난화수첨단기술유한회사 (湖南华曙高科技有限公司) www.farsoon.com	SLS 쾌속성형설비	
난징즈진리더전자유한회사 www.zijinlead.com	SD300Pro	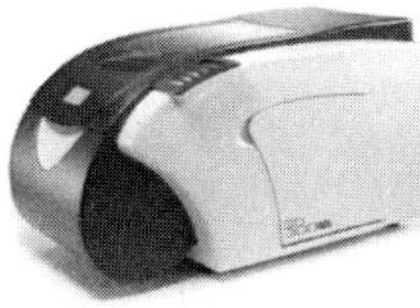
항저우밍잔네트워크과학기술유한회사 www.zijinlead.com	BFB 3DTouch 3D 프린터	

프린팅 관련 교육기관, 해외 기업들이 참여하고 있다. 기업체로는 Bejing Tiertime 업체가 시장을 이끌고 있다. 정부는 공업신식화부(MIIT)를 중심으로 3D 프린팅 기술 고도화를 위한 R&D와 상용화를 위하여 국가 차원의 전략을 세웠다.

5.2.2 국내 시장 동향

국내에서는 3D 프린팅 기술의 중요함과 잠재력을 알아 개발 중이고 향후 시장은 성장하리라 전망하고 있다. 2019년 현재 판매 중인 프린터는 대다수가 외국의 것으로 국내의 품질이 아직 시장에 신뢰를 주지 못하고 있다. 산업별로 보면 산업용 기기, 자동차부품 전자제품이 53.8%를 차지해 교육 분야 21.4%, 의료치과, 건축 순으로 되어 있다. 정부는 산학협력의 R&D 프로그램으로 미래산업의 활용기술이라는 전략을 세우고 있다. 2013년 산업통상자원부는 3D 프린팅 산업육성을 위한 [3D 프린팅 산업 발전전략 포럼]을 발족시켜 추진하고 있으며 국내의 IT 기술이 발달되어 있는 관계로 현재까지는 더디게 발전하고 있지만 IT와 연계 등으로 향후 시장의 발전 속도는 급격하게 빠르게 진행될 것이다. **그림 5.6**에 3D 프린팅의 국내 산업 활용 분야를 나타내었다.

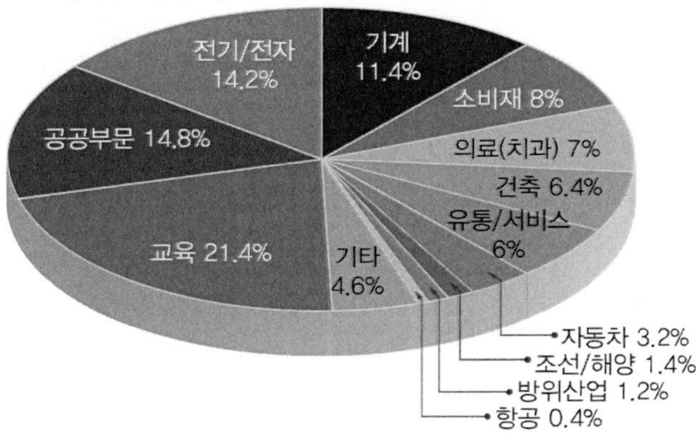

그림 5.6 산업 활용 분야[5]

5.3 주요 기업 동향

5.3.1 세계 주요 기업

세계 3D 프린터 시장은 미국, 유럽 등 소수의 글로벌 기업이 세계시장을 주도하고 있다. 美 Stratasys사, 美 3D Systems사 등 상위 몇 개 기업이 시장을 장악하고 있다.

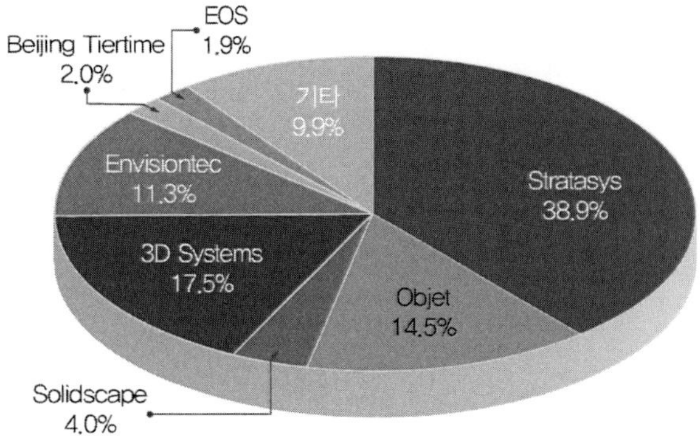

기업	판매 대수 (대)	점유율 (%)
Stratasys (Objet Ltd.) (Solidscape)	3,026 1,130 312	38.9 14.5 4.0
3D Systems	1,359	17.5
Envision Tec	880	11.3
Beijing Tiertime	155	2.0
EOS	145	1.9
기타	764	9.9
Total	7,771	100

그림 5.7 2012년 기준 산업용 3D 프린터 시장 점유율 및 판매 현황[1]

1) Stratasys (미국): 고체로 필라멘트 모양의 원료를 녹여서 한 층씩 쌓아가는 방식인 FDM(Fused Deposition Modeling)의 프린터를 생산하고 있다. 3D 프린팅 방식 중에서 현재 제일 활발하게 개발되고 있고 가정 저렴한 방법이다. 2011년 Soliolscape사 인수, 2012년 Object system사를 인수하였으며 FDM 및 Polyjet 기술을 가지고 있다.

2) 3D Systems (미국): 액체기반방식 SLA 방식을 사용하여 상업적으로 가장 먼저 도입하였다. 아크릴과 에폭시 계열의 광경화성 수지를 레이저를 이용해 쌓아가는 적층 방식으로 정밀도가 뛰어나고 속도가 빠른 편이다. 또한 분말을 기반으로 하는 SLS(Selective Laser Sintering) 방식의 프린팅 기술도 가지고 있다. 이 공정은 분말 형태로 만들어진 합성수지, 금속원료를 녹이거나 소결하는 공정을 적용한다. 이 방식은 액체원료의 광경화 과정을 거친 제품보다 더 견고하다는 장점이 있다. 2012년 Z corp사를 인수하였다.

3) Objet systems (이스라엘): SLS와 비슷하지만 지지체가 다른 Jetted Photopolymer 방식을 적용하여 지지체도 광경화성 고분자를 이용하여 두개의 다른 헤드에서 단량체를 분사하고 후에 UV로 같이 경화시키는 시스템을 택하였다. 현재는 Stratasys사에 병합된 상태이다.

4) EnvisionTEC (독일): 액상레진을 레이저를 이용하여 경화시키는 공정을 사용하고 있으며, 최근에 다축레이저 초점방식을 이용하여 3D 경화공정을 평면이 아니 공간내에서 제작할 수 있는 기술을 개발하였다.(DLP 방식) 고정밀도제품 제작 가능하여 귀금속이나 의료산업에 활용된다.

5) EOS (독일): SLS 방식의 프린팅 시스템 기술을 가지고 독자적인 공정으로 Micro Laser Sintering 시스템을 개발하여 극소형의 부품(마이크로미터 수준)을 제조하는 프린팅 시스템을 개발하였다.

6) Helisys (미국): 얇은 종이나 필름을 텅스텐블레이드로 절단하여 접착제로 적층한 Laminated Object printing 방식의 프린터를 생산하고 있다. 특허 기술 중에 반중력 객체모델링이란 기법은 SLA 공정과 비슷하나 면 위에 적층하는 것이 아니고 공간에 분출하면서 적층하는 방식으로 제조 속도가 빠르고 3차원 입체구조를 자유롭게 만들 수 있다는 점에서 주목받는 기술이다.

7) Beijing Tiertime (중국): 칭화대학교 연구진이 모여 설립한 회사이며 중국의 3D 프린팅 기술을 이끌고 있다.

3D 프린터는 높은 가격의 부담으로 보급이 제한되었으나 최근 저가 보급형 모델이 출시됨에 따라 3D 프린터 수요가 큰 폭으로 확대될 것으로 기대된다. 개인용 3D 프린터는 2007년만 해도 보급 수준이 미미했으나, 2009년 Stratasys가 보유한 압출적층방식(FDM) 특허 만료 후인 2010년(5,978대) 이후 폭발적인 성장세를 기록하며 2013년에는 설계 전문가층의 구입 확대에 따라 연간 70,000대 가량 보급된 것으로 나타났고 2018년 약 6억$의 시장이 형성되어 있다. 산업용 프린터의 주요 기업은 Makerbot(Stratasys사의 자회사)와 Beijing Tiertime사(3D Systems사의 자회사)로 시장을 나누어 가지고 있다. 기업은 전략적 인수합병을 통해서 토탈 솔루션 기업(장비, 소재, SW 기술, 컨설팅, 디자인 컨텐츠 및 중계 서비스 제공)으로 전환 중이다. 6년간('11~'16) 3D Systems사는 28개사, Stratasys는 6개사, GE사는 4개사를 인수하여 장비, 소재, 제조, SW 개발 등 사업 다양화 및 수직계열화를 추진 중이고 GE(General Electronic), 구글, HP, 아마존 등 글로벌 기업의 3D 프린팅 사업 진출로 시장 경쟁이 심화될 것으로 전망된다. 이를 **표 5.3**에 정리하였다.

표 5.3 기업별 3D 프린터 추진 성향

회사명	추진 성향
GE	항공 분야 경쟁력 강화를 위해 금속기반 3D 프린터 제조기업인 스웨덴 아르캠AB社와 독일 컨셉레이저社를 1조 5,400억여 원에 인수('16)
HP	기존 기술에 비해 출력 속도가 10배 빠른 3D 프린터 출시('15)
아마존	3D 프린팅 매장 개설 등('15)
구글	3D 프린터 제조 카본 3D社에 1,200억 원 투자('14)

5.3.2 국내 주요 기업 현황

국내 3D 프린팅 기업은 208개('15년 기준)로 대다수 영세한 기업 연간 매출액이 10억 원 미만의 소규모 사업장이며, 업체별 3D 프린팅 관련 종사자 수도 10명 미만이 대부분(약 90%)이다. 최근 산업용 장비 제조, 3D디자인 출력물 서비스 제공 등의 스타트업이 출현되어지고 있다.

표 5.4 국내 3D 프린터 관련 기업

업체명	사업내용
• 캐리마 • 하이비젼시스템 • 오브제트빌드 • 로킷	• 3D 프린터 및 원료 제조사 • 3D 프린터 제품 개발 • 3D 프린터 기술 개발 및 제조 • 바이오 3D 프린터 제조사
• 세종 • CEP TECH	• 자회사인 세종정보기술에서 3D Systems 한국 판매 대행 • 3D 프린터 수입판매 대행
• 코프라 • 현대EP • 코오롱플라스틱 • SH에너지화학	• 3D 프린터의 파우더 소재 제조 기술 보유 • 주로 사용되는 플라스틱 고분자 소재 생산
• 코렌텍	• 인공관절 제조자 • 초기 3D 프린터는 의료 목적으로 사용
• 미원에스씨	• UV 경화제 제조회사 • 제품을 만든 이후 UV 경화를 통해 건조시키는 데 사용

제조기업 중에는 공개된 해외기술을 활용한 저가의 보급형 장비제조, 교육 서비스 업체가 다수(장비제조 기업(45개) 중 10개만 산업용 장비 제조기업)이다. 기술 수준은 최고 기술국인 미국 대비 66% 수준으로 기술 격차는 약 3년 뒤처지고 있다.

(미국 대비 분야별 기술격차): 장비(2.83년), 소재(2.92년), SW(2.93년)

1) 캐리마: 액상플라스틱을 쌓아 올리는 방식으로 2011년 '마스터'라는 프린터 시장에 진출하여 생산하고 있으며 모든 제품을 국산화해 가는 중이다.

2) 인스텍: 금속재료를 입자용융 방식으로 가공하는 자체 보유 기술이 있으며 이 기술은 DMT(Laser-aided Direct Metal Tooling)라고 하여 고출력 레이저 빔을 이용 금속분말을 녹여 붙이는 방식으로 3D CAD 모델 데이터로부터 직접 금속제품과 금형 등을 빠른 시간 내에 만들 수 있는 레이저 금속성형 기술이다.

3) 로킷: 고분자재료를 기반으로 하여 용융 적층 방식(FDM)으로 이루어진 '에디슨' 프린터 생산하여 2015년에 바이오 프린터를 개발하여 시장 개척 중이다.

그림 5.8 로킷 바이오 프린터

5.4 국내외 3D 프린팅 시장 전망

5.4.1 세계시장 전망

3D 프린팅 기술이 향후 각종 산업 및 시장의 혁신을 일으킬 것으로 전망하는 데는 이견이 없다. 3D 프린팅 산업은 초창기는 3D 프린터 제작기술이 이끌었으나 점차로 2차서비스 시장과 3D 프린팅 제품으로 확대되어 시장은 **그림 5.9**와 같이 예측하였다.

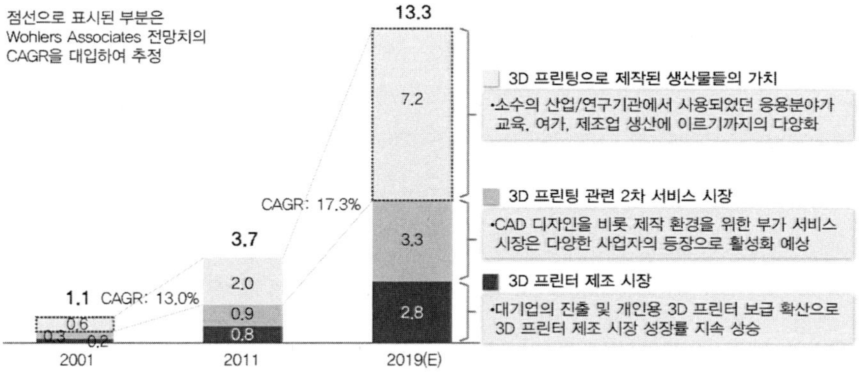

그림 5.9 전 세계 3D 프린팅 및 관련 서비스 시장 규모 전망[6]

사업별 활용 분야에서는 기계(19.9%), 항공우주(16.6%), 자동차(13.8%) 등 분야에서 주로 활용하고 있고, 가까운 시일 내 가장 큰 성장이 예상되는 분야는 의료, 바이오 분야로 전망되며 사용 용도는 부품, 시제품 등 제작 용도가 전 세계 매출의 50% 이상이며, 당분간 확산이 지속될 전망이다.

5.4.2 국내 시장 현황 및 전망

국내 시장 규모는 '14년 1,815억 원에서 '17년 3,366억 원 규모로 증가하였고 '19년까지 5,082억 원 규모로 성장(CAGR 22.9%)한다고 보고되었다.

표 5.5 3D 프린팅 시장 규모 및 성장률(%)[7] (단위: 억 원)

구분	'14	'15	'16	'17	'18	'19	CAGR(%)
국내	1,815	2,230	2,740	3,366	4,136	5,082	22.9%

성장률은 제조업에서의 활용 수요 부족 및 시장 미성숙 등으로 세계시장(31%)보다 낮을 것으로 예상되고 시장 부문별 현황을 보면 국내 SW, 서비스 시장이 확대(전년대비 83.5% ↑) 되고 있으나, 아직은 제품시장의 비중(68%)이 서비스시장(32%)에 비해 훨씬 크다.

제품 판매가 꾸준히 늘고 있으나, 외국산 의존도가 높아 (80% 상회) 시장 확대가 국내 기업 경쟁력 제고로 이어지는 데 한계가 있다. 외산선호 요인으로 출력물 표면 양호(38.5%), 다양한 제품 종류(21.9%), A/S 우수(9.4%)이다. 서비스 시장은 3D 디자인 출력물 제작, 중계서비스 제공 등 전문화된 제조 서비스 중심의 선진국과 달리 비활성화로 성장이 둔화되고 있다.

산업 활용 분야 및 용도를 보면 주로 교육훈련용(34.4%), 시제품 제작용(31.2%), 교육(21.4%) 분야, 공공 부문(14.8%), 전기전자(14.2%) 분야, 기계(11.4%) 분야에서 주로 활용된다.

표 5.6 국내 3D 프린터 분야 및 활용 용도

산업	사례
자동차	대시보드, 바디패널 등의 시제품
의료	인공치아, 인공뼈, 인공관절 등의 보형물
패션	구두, 의류 등의 시제품 견본
항공/우주	알루미늄 동체 등 주요 부품
건축	건축 모형
엔터테인먼트	영화용 캐릭터, 장난감 등
소비자 가전	휴대폰 케이스, GPS 디바이스 등 각종 소비자 가전의 시제품

국내 3D 프린터 제조 및 유통업체는 60여 개 정도로 해외에서 제작한 유명 3D 프린터를 유통하는 회사에서 Sales Promotion 차원에서 단순 3D 프린팅 서비스를 제공하고 있다. 시장기회로 보아 기존 프린터 제조/판매 시장보다는 3D 프린팅 서비스 시장이 확대될 전망이고 기존 금형/CNC 방식의 시제품 제작시장 대체가 가능하다.

5.5 해외 주요국 정책 동향

주요 선진국은 3D 프린팅 산업의 육성을 위하여 자국의 상황에 맞게 중점 분야를 선정 후 연구개발을 전략적으로 추진하고 있다.

표 5.7 3D 프린팅 관련 미국 정책 동향

국가명	주요 정책
미국	• 제조업 원가절감 – 세계 최고 수준의 기술력을 기반으로 국방, 항공, 자동차, 의료 등 다양한 제조 분야에서의 원가 절감 추구 – 한 예로 Lockhead Martin 사는 공동연구를 통해 50%의 비용 절감에 성공 • 에너지 및 소재 절감 – 3D 프린팅 기술 토입을 통해 제품 생산에 소요되는 에너지 및 소재의 절감 – 원가 경쟁력 확보는 물론, 지속 가능한 성장을 위해 제조 인프라 혁신 추진

미국은 NAMII(National Additive Mfg Innovation Institute)[8]를 2012년에 설립하여 3D 프린팅 기술 R&D 총괄하여 미국 제조업 경쟁력을 재고하였다. 또한 ORNL(Oak Ridge National Lab.)은 MDF(Manufacturing Demonstration Facility)의 설립을 통한 산업계의 3D 프린팅 기술 개발지원을 주도하도록 하였다.[9] 미국 외 주요 국가들도 **표 5.8**에 나타난 바와 같이 2012~2013년 본격적으로 3D 프린팅 산업 육성에 나섰다.

표 5.8 3D 프린팅 글로벌 시장 현황

	3D 프린터 세계시장 누적 점유율 ('98~'12)	관련 정부 정책
EU	23%	EU 3D 프린팅을 포함한 첨단 제조업 육성정책 영국정부는 '13년 기술전략위원회와 연구위원회(Researal Councils) 1,470만 파운드(약 252억 원)를 투자해 3D 프린팅 기술 연구개발 지원
일본	9.7%	'13.5월 경제산업성 지원 차세대 3D 프린터 개발 계획 과제(모래사용 3D 프린팅) • 2011년 원전 사고 및 불경기로 생산 및 업체 수 급감
독일	9.4%	의료/바이오 프라운호퍼 연구소 중심으로 '09년부터 프로젝트 '바이오 랩' 진행 '11년 3D 프린터를 인공 혈관 제작 성공 (프라운호퍼IGB) '13년 11월 인체조직과 장기의 젤라틴 형태의 바이오잉크 공개 인공피부 제작을 위한 나노 수준의 3D 프린팅 기술개발 프로젝트 '아티바스크 3D' 추진
중국	8.7%	'12년 '3D 프린터 기술산업연맹' 설립 '13년 5억 위한(약 900억 원)을 들여 청두에 '3D 프린팅 산업혁신센터' 건립, 중국 전역에 10개까지 확대 계획 '14년 국가과학기술 제조영역 프로젝트
한국	2.3%	산업부와 미래부가 합동으로 '3D 프린팅 활성화 방안' 마련 협의, 14년 기술개발 로드맵 수립 KEICT 3D 프린팅 지역센터 8개소, 지역혁신센터 6개소 구축

5.6 3D 프린팅 산업의 성장 장애요인

5.6.1 성장 장애요인

3D 프린팅 산업의 성장 장애요인으로 첫째, 3D 프린터의 가격이 고가라는 것을 들 수 있다. 최고기술의 산업용 3D 프린터는 1백만 달러 정도이고 개인용 프린터는 1,000 달러 정도의 가격이 형성되었다. 현실적으로 일반가정에서 부담 없이 사용하기 위해서는 프린터 가격이 저렴해야 한다. 둘째, 프린터의 공정 속도가 느리다는 것이 장애요인

이다. 수직으로 1㎝를 인쇄하는 데에 수 시간이 소요된다. 셋째, 모형제작에는 충분하지만 대량생산에는 비실용적이고 비용이 많이 소요된다. 넷째, 소재의 미개발이다. 3D Systems, Stratasys, EOS 등의 선도 3D 프린터 제조사들이 장비와 연계하여 고가의 소재가격 전략을 추구하는 것도 성장장애 요인이다. 나일론 분말 소재와 ABS filament 소재의 가격은 \$80~\$100/kg, stainless steel 분말소재 가격은 \$120/kg으로 원소재 가격의 10~100배이다. 고가격의 주요 요인은 프린터 제조업자들이 브랜드화된 자기들만의 소재를 소비자들에게 사용하게 하면서 높은 이익을 추구하기 때문이다. 이는 2D 프린터인 잉크젯 프린터의 잉크 카트리지와 유사한 상황이다. 미래에는 프린터 제조업체보다 소재 제공업체들이 더 큰 수익기회를 갖게 될 것이다. 3D 프린터 산업의 성장을 위하여는 고품질, 고성능, 저가격의 다양한 프린팅소재의 개발이 필요하다.

표 5.9 3D 프린터 기술의 제약상황과 발전방향

제약상황		현재수준	향후 개발방향
느린 조형속도		• 반나절~하루 소요 (20cm 조형물 기준, 3cm/hr 수준)	• 수분~한 시간 이내 소요
제한적 재료선택		• 플라스틱류 중심 • 1~2개 재료만 가능(ABS, 아크릴 등)	• 다양한 재료(스테인리스, 티타늄, 섬유세라믹, Carbon Fiber, 유리, 구리 등) • 여러 가지 색깔이 가능
최대조형 사이즈		• 약 30cm 3박스 크기 미만	• 수십 m 3큐빅 사이즈 이상 가능
상품 디자인	복잡도	• 주로 외형 디자인에 집중 • 제한된 내부부품 개수 처리 가능	• 복잡한 외형디자인과 수백, 수천 개 내부부품 등 복잡한 디자인 처리 가능
	정밀도	• 0.5mm~0.01mm 조형해상도	• 반도체 집적레벨 나노스케일 정밀도 가능

5.6.2 범죄 악용

3D 프린팅 기술의 발전에서 가장 우려되는 것은 기술이 범죄에 악용되는 것과 저작권 침해이다. 3D 프린팅은 어떠한 물건이던지 설계하고 제조할 수 있기 때문에 총기류의 불법제조가 염려되고 있다. 실제로 'Defense Distributed'라는 그룹이 3D 프린터로 만들어진 총기를 시연하였다. 시연결과는 총기의 내구성은 취약하였지만, 신소재의 개발과 3D 프린팅 기술로 총기나 무기를 만들 수 있다는 가능성을 보여주었다.

그림 5.10 3D 프린터로 제작된 총기류[10]

총기뿐만 아니라 마약류의 불법 제조 또한 크나큰 사회문제로 대두되고 있다. 영국 글래스고 대학의 리크로닌 교수는 3D 프린팅 기술로 소비자들이 가정에서 의약품을 설계하고 만드는 데 상용화를 진행 중이다. 3D 프린팅은 저작권 개념에서 상당히 변화를 가져오고 있다. 3D 프린팅 등장으로 인하여 3차원에 존재하는 물체가 정보 상태로 인터넷 공간을 떠다니는 상황이 발생되어, 소비자들은 가상공간에서 내려 받아 물건을 생산한다. 실제로 3D 프린터 생산업체인 Marketbot은 설계 도면을 공유할 수 있는 'Thing Verse'를 운영하고 있는데, Games Workshop의 제품 설계 도면이 공유되어 소송을 당한 바 있다. 이와 같이 향후에는 3D 프린팅 대형업체와 서비스가 등장하면서 저작권 이슈가 확대될 것으로 우려되고 있다. 또한 다수가 생산참여를 할 수 있기 때문에 문제 발생 시 불명확하여진 저작권 소재에 대한 우려가 있다. 여기서 3D 프린팅에 대한 안전기준의 필요성이 대두된다. 총기, 마약뿐 아니라 소비자가 설계도만 있으면 일반 제품도 만듦으로 프린트 범죄로 이어질 수 있는 소지가 다분하다.

코넬대학교 호드립슨 교수는 "안전에 관한 기준이 정해지지 않는다면 우리가 누구나 할 것 없이 운이 좋지 않는다면 중요한 순간에 제대로 작동하지 않게 제작되었거나 가짜 기계 부품으로 인하여 새로운 위험에 직면할 수 있다."고 '3D 프린팅의 신세계'의 저서[11]에서 경고하였다. 그 예로 자동차 휠을 예로 들고 있는데 어떤 자동차 마니아가 3D 파일 공유 사이트에서 다운로드받은 디자인을 가지고 직접 3D 프린팅으로 제작한 자동차 휠을 주문 판매하였는데 이 제품을 구매한 사람이 운전을 하다가 휠이 차체에서 빠져 교통사고로 사망했다면 이 때에 누가 책임을 져야 하는가라는 문제점을 제기하였다. 디자인 파일을 만든 사람일까 또는 그 파일을 사용하여 프린팅해서 판매한 사람일까. 이에 대한 안전 기준이 없어 죄의 책임이 모호하다. 이뿐만 아니라 안전기준은 인공장기 등 의료기기에서 역시 필요하게 된다. 보건산업진흥원의 '3D 프린터 기술 발전에 따른 의료기기 인허가 제도의 변화' 보고서[12]에 따르면 3D 프린팅 기술로 제조된 제품의 생체적 합성, 기계적 특성 등에 대한 문제점을 제기하면서 잘못에 대한 책임 소재에 대해 지적하였다. 지적되는 안전기준에 대하여 EH에서는 3D 프린팅 기술로 제작된 제품을 '주문제작기기'로 관리하고 있다고 규정하고 있으며 미국은 기존 의료기기관리체계인 방식으로 규제하고 있다. 우리나라의 경우 '보건산업진흥원 보고서'에서[13] 보건산업은 국민은 국민 보건과 직면되어 정부 규제 영역이 다수 존재할 수밖에 없지만 그래도 신규 산업의 성장을 위해서는 선제적 정책 마련이 필수적이라며 국민 건강을 담보하기 위해서는 3D 프린터 제품에 대한 방안이 마련되어야 할 것이라고 지적했다. Science time 김연희의 '3D 프린터 경쟁력 강화 방안'[14] 안전기준의 마련이 없으면 3D 프린팅 산업은 혼돈에 빠질 것으로 예상된다.

참고문헌

1. 김종호 '3D printing Industries' Wohlers Associates (2013)

2. https://www.ponoko.com/blog/how-to-make/aerospace-industry-adopting-3d-print-technology/

3. https://truthout.org/articles/the-urbee-3d-printed-car-coast-to-coast-on-10-gallons/

4. KOTRA (2012.11.07)

5. 한국고무학회 "3D프린팅 기술 트랜드 및 플라스틱 부품 응용 사례" (2018)

6. Wohers Associates Inc 'ICT와 3D 프린팅에 의한 3차 산업혁명' (2012)

7. 국내 3D 프린팅 산업 실태조사(NIPA, '14~'15), CAGR 추정치('16~ '19)

8. www.namill.org

9. www.ornl.gov

10. MBC 뉴스데스크 (2013.05.07.)

11. 호드립슨, 3D프린팅의 신세계 (2013)

12. '3D프린터 기술 발전에 따른 의료기기 인허가 제도의 변화' 보고서 (2014)

13. 정현학 '기술발전에 따른 의료기기 인허가 제도의 변화', 보건산업진흥원 보고서 (2014)

14. Science time, 3D프린터 경쟁력 강화 방안 (2015)

Ⅱ

3D 프린팅 고분자 소재

CHAPTER 06

3D 프린팅 고분자 소재

6.1 3D 프린팅 소재 필요성

3D 프린팅 기술은 미래의 제조업을 혁신시킬 수 있는 기술이며, 현재 전 세계적으로 도입 단계라고 할 수 있어 미래 제조업의 경쟁력을 좌우할 기술이지만 이의 개발과 실용화에는 장기간 연구에 의한 기술과 경험의 축적이 요구된다. 그 예로써 3D 프린팅 기술은 항공산업과 자동차산업의 시제품 제작에서 최종 부품생산에 이르기까지 활용이 사용소재 개발로 어려움에 있다. 3D 프린팅 기술의 발달은 소재가 다양해져야 한다. 소재가 다양해져야 그로부터 도출되는 솔루션도 다양해질 수 있으므로 소재개발이 반드시 이루어져야만 3D 프린팅 기술의 산업화가 이루어질 수 있다.

3D 프린팅 제조업체의 고정적인 소재를 사용으로 인하여 현재 사용하는 소재는 몇 개로 한정되고 있으며 새로운 소재의 개발이 제한받고 있다.

3D 프린팅 소재는 크게 고체 형태의 열가소성고분자(Thermoplastic), 분말 형태의 고분자, 금속, 세라믹, 액체소재로서 광경화고분자(Photopolymer)로 구분할 수 있다. 현재 사용 중인 3D 프린팅 주요 소재를 표 6.1에 정리하였다.

표 6.1 3D 프린팅 주요 소재[1]

소재 형태	3D 프린팅 소재	비고
열가소성고분자	PLA	국내서 FDM용으로 가장 많이 사용하는 재료. 용융시 프린터를 끈적끈적하게 하여 작업하기 어렵고, 재순환이 어려운 소재, 자연 분해되는 친환경 소재, 흡습이 높아 재료보관 주의
	ABS	세계적으로 가장 많이 사용하는 소재, 용융시 냄새 문제 큼
	PVA	출력 후 물과 Oil에 녹여내는 supporter로 주로 사용됨
	Polycarbonate, nylon, styrene, polyphenylsulfone	열변형온도(HDT)가 100−150℃인 기능성고분자로 열수축 주의 필요
	ULTEM, PEEK와 PAEK 등의 엔지니어링 플라스틱	열변형온도 150℃ 이상인 고강도 엔지니어링 재료. Ultem 상용화
분말	Polyamide	Nylon 12가 많이 사용되는 소재
	Alumide	회색의 aluminum powder와 polyamide의 blend
	Multicolor	미세 그래뉼 분말로 제조
수지(액체)	고정밀 UV 레진	Photopolymer 액체
	페인트형 레진	매끈한 표면과 미관 형성
	투명레진	경화 가능한 액체(광경화 아님)
금속	Titanium	경량 & 최고 강도 3DP 소재, 분말을 레이저로 소결시킴
	Stainless steel	동 함침 분말, 가장 저렴한 금속, 고강도
	동(Bronze)	분말
	Brass, Silver, Gold	−
세라믹	유리, 알루미나, 실리카 분말 등	열저항성, 재순환 가능, 안전

그림 6.1은 기존의 3D 프린팅 기술혁신을 위한 요구사항을 나타내었다. 소재면에서는 초기 시작품 제조는 석고를 깎아서 조형한 것이 주류를 이루었지만, 현재는 고분자 소재를 이용한 플라스틱 제품의 제조, 금속분말을 사용한 제조 등 소재의 폭이 넓어지고 있다. 일반적으로 사용빈도가 높은 것은 수지, 금속, 석고가 대부분이지만, 최근에는 다양한 소재의 연구가 진행되면서 고무, 목재, 설탕 및 차세대 소재라 불리는 그래핀(Graphene) 등 여러 분야에서 3D 프린터를 이용하기 위하여 개발이 진행되고 있다

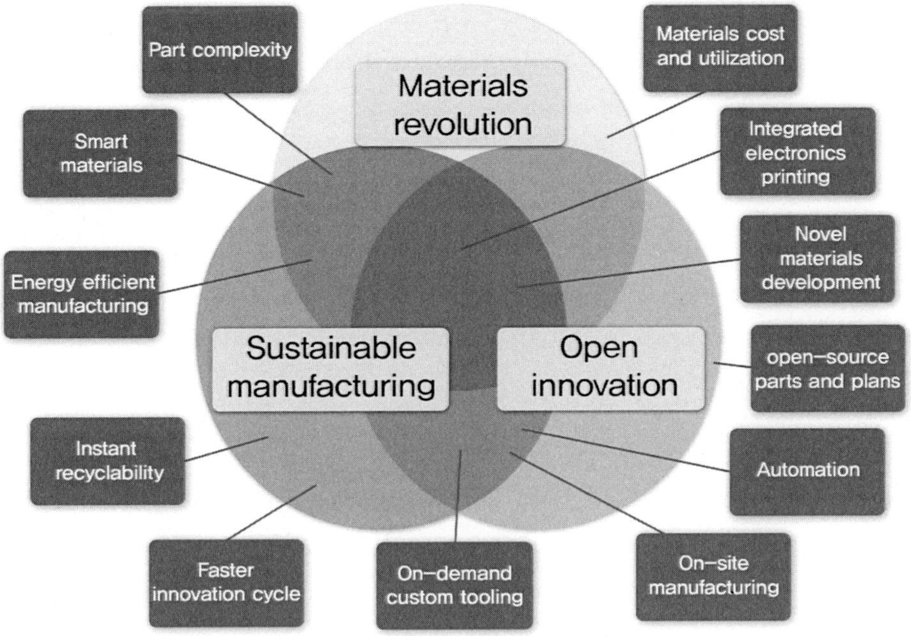

그림 6.1 3D Printing 기술혁신[1]

6.2 3D 프린팅용 고분자 소재

6.2.1 3D 프린팅용 고분자 재료의 개발 현황

3D 프린팅 방식에 따라 차별적으로 적용되고 있는 다양한 고분자 소재가 개발되고 있고 개발이 가장 활발한 재료이다.

3D 프린팅 기술을 분류하기 위한 다양한 기준이 있을 수 있으나 적용되는 소재의 측면에서 보면 액체기반, 분말기반, 고체기반의 세 가지로 분류할 수 있다. 액체기반 3D 프린팅 기술은 3D Systems사의 SLA(Stereolithography) 및 Objet사의 Polyjet 방식이 대표적이며, 분말기반 프린팅 기술로는 텍사스 대학교에서 개발한 SLS(selective laser sintering) 방식이 해당된다. Stratasys사에 의해 개발된 FDM(fused deposition modeling) 방식은 고체기반 3D 프린팅 기술의 대표적인 예이다. 각각의 방식은 고유의 장점과 단점을 지니고 있으며, 적용되는 소재의 특성에 따라 조형 속도, 조형의 정확도, 표면 특성 및 재료의 강도 등에 차이가 있다.

3D 프린팅 소재 개발에 있어서 최대의 도전 목표는 우수한 기계적 물성과 정밀한 형상 구현이 가능한 소재를 개발하는 것이다. 금속소재는 상기의 목표를 달성하는 데 유리한 소재인 반면 플라스틱 소재는 3D 프린팅 과정에서 충분하게 압력을 가할 수 없어 치밀한 인쇄물을 얻기 어렵다. 플라스틱 소재는 용해와 재결정과정에 물성이 더욱 민감하므로 나일론6, 나일론66 또는 PP(Polypropylene) 등과 같은 공학적 물성을 갖는 새로운 소재를 개발하기 어려운 이유로 상업화되어 있는 많은 고분자 재료 중 3D 프린터용으로 개발된 재료는 의외로 몇 가지가 되지 않는다.(**그림 6.2**)

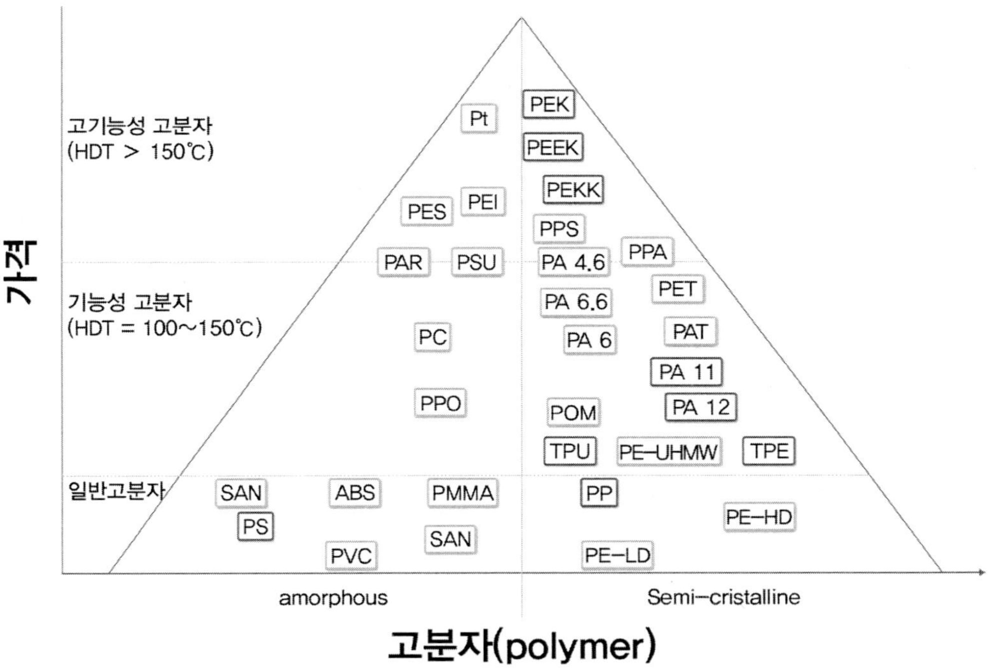

그림 6.2 고분자 재료 중 상업화된 3D 프린터용 재료 (굵은 Box 내의 재료는 3D 프린트용 소재)[2]

6.2.2 액체기반 3D 프린팅 고분자 소재

액체기반 3D 프린팅 고분자 소재는 광경화성 수지로서 특정한 파장의 빛을 받으면 고체로 변하는 특성을 가지고 있어 **그림 6.3**과 같은 방식으로 출력을 하여 형상을 만든다. 광경화성 수지는 주로 아크릴레이트 또는 에폭시 계열의 고분자 소재로 구성되어 있으며 현재 다양한 용도의 전기전자 소재로 사용되고 있는 광경화성 수지와 비교하여 큰 차별성을 가지고 있지는 않다. 광경화성 수지의 일반적인 조성은 저분자량의 중합체(올리고머 또는 프리폴리머), 단량체, 광개시제를 주성분으로 하며 이산화티탄 등의 무기입자, 안료 또는 염료가 필요에 따라 추가되기도 한다. 광개시제는 주로 자외선에 의해 활성화되며 이를 위해 3D 프린터에는 UV 레이저나 UV 램프가 장착되어야 한다.

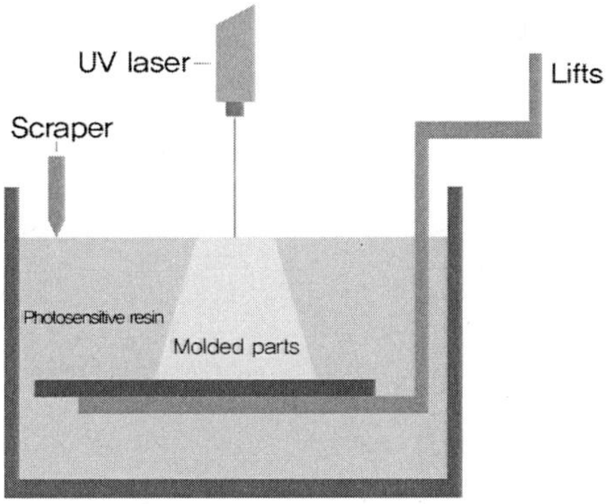

그림 6.3 SLA 방식[3]

액체기반 3D 프린팅 고분자 소재는 현재 3D Systems사의 SLA 방식 3D 프린터와 Stratasys사의 Polyjet 방식 3D 프린터에 채택되어 출시되고 있다. 3D Systems사에서는 출시하고 있는 프린터의 종류에 따라 생산용 프린터의 경우 'AccuraÒ', 전문가용 및 개인용 프린터에 대해서는 'VisiJetÒ'라는 상품명으로 광경화성 수지를 제공하고 있는데 각각의 상품은 색상과 물성을 조절한 여러 종의 제품군으로 구성되어 있다. SLA용 광경화성 수지의 주성분은 **그림 6.4(a)**에 표시한 것과 같은 에폭시 계열의 수지이며, 다관능기의 아크릴레이트 단량체와 광개시제로서 triarylsulfonium염이 혼합되어 있는 것으로 알려져 있다. 광경화성 수지를 소재로 채택하고 있는 또 하나의 대표적인 3D 프린팅 방식은 Stratasys사의 Polyjet 방식인데 주성분은 **그림 6.4(b)**에 표시한 바

(a) 3,4– Epoxycyclohexylmethyl 3',4'–epoxycyclohexane carboxylate (b) Isobornyl acrylate

그림 6.4 광경화 Epoxy와 Acrylate 화합물

와 같은 isobornyl acrylate와 기타 아크릴레이트 단량체, 아크릴레이트의 올리고머 및 광개시제로 구성되어 있다.

SLA 방식이나 Polyjet 방식(**그림 6.5**)에 적용되는 광경화성 수지는 최종물성이 현재 사용되고 있는 열가소성수지를 모사하도록 설계되어 있다. 주로 polypropylene, ABS 수지, polycarbonate 수지가 모사의 대상이 되며 Polyjet 방식에 적용되는 광경화성 수지는 생체적합성이 우수한 제품이나 탄성체의 물성을 모사한 제품이 추가되어 있는 것이 특징이다. 자외선 조사 이전에는 액체 상태인 광경화성 수지의 특성에 따라 비교적 용이하게 색상을 조절할 수 있어 매우 다양한 색상을 가진 제품을 구현할 수 있다는 것과 액체 상태에서 경화되어 표면이 매우 고르다는 장점이 있는 것에 비하여 조형 속도가 빠르지 못하며 제품의 강도가 만족스럽지 못하고 소재가 비교적 고가라는 단점이 있다. 또한 광경화성 수지의 특성상 경화에 의해 수축이 일어나기 때문에 정밀한 설계가 요구된다. **표 6.2**에는 SLA 및 Polyjet 방식의 광경화성 수지가 나타내는 물성을 비교하여 정리하였다.

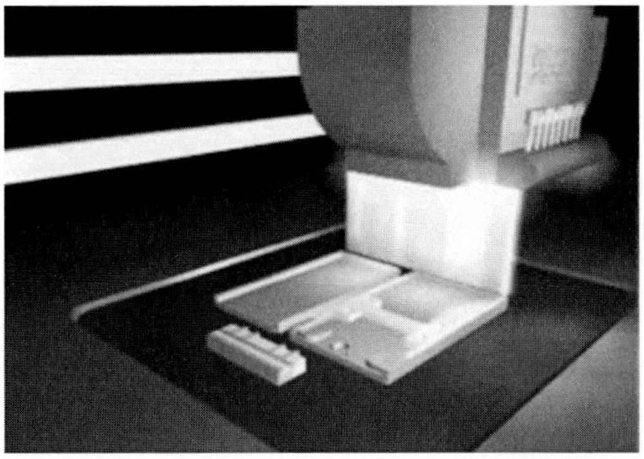

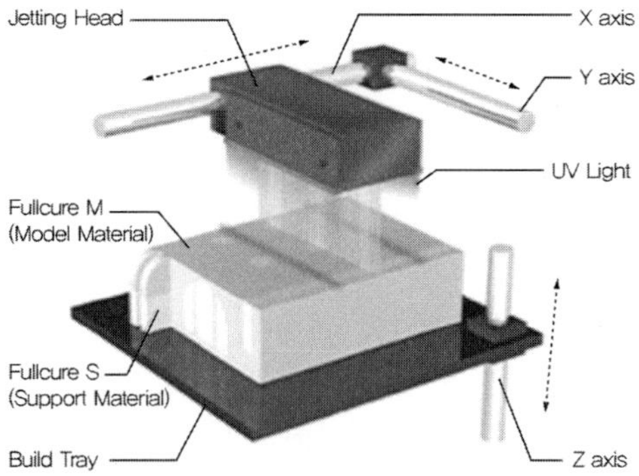

그림 6.5 폴리젯(Polyjet) 방식[4]

표 6.2 SLA 방식 및 Polyjet 방식 3D 프린팅용 광경화성 고분자 소재의 물성[5]

	Condition	SLA		Polyjet	
		Accura60	VisiJet (Black)	Digital ABS	VeroBlack
Tensile Strength (MPa)	ASTM D638	58–68	13–25	50–65	50–65
Tensile Modulus (MPa)	ASTM D638	2690–3100	800–1500	2000–3000	2000–3000
Elongation at Break (%)	ASTM D638	5–13	2–4	15–25	10–25
Flexural Strength (MPa)	ASTM D790	87–101	19–34	80–110	75–110
Flexural Modulus (MPa)	ASTM D790	2700–3000	600–1000	2700–3300	2200–3200
Hardness, Shore D	ASTM D2240	86	75–82	83–86	83–86
Impact Strength (notched Izod, 23℃) (J/m)	ASTM D256	15–25	17	20–30	20–30
Heat Deflection Temperature (HDT) (℃)	ASTM D648 @ 0.45 MPa @ 1.82 MPa	 53–55 48–50	 50	 45–50 45–50	 45–50 45–50
Glass Transition (℃)	DMA, E"	58	84	48–50	52–54

6.2.3 분말기반 3D 프린팅 고분자 소재

분말기반의 3D 프린팅 기술인 SLS 방식에 적용되는 소재는 고분자 소재에서부터 금속, 세라믹에 이르기까지 다양하다. 고분자 소재의 경우, 고분자 분말과 접착제 분말을 섞은 얇은 파우더 층에 레이저를 이용하여 소결함으로써 용융 형태를 만든 후 그 위에 동일한 작업을 반복하여 제품의 형상을 구현한다.(**그림 6.6**) 다른 방식의 3D 프린팅 기술에 비해 내구성 높은 제품을 제조할 수 있다는 장점이 있으나 다량의 폐분말이 발생하게 되어 이를 재활용하는 기술이 요구된다.

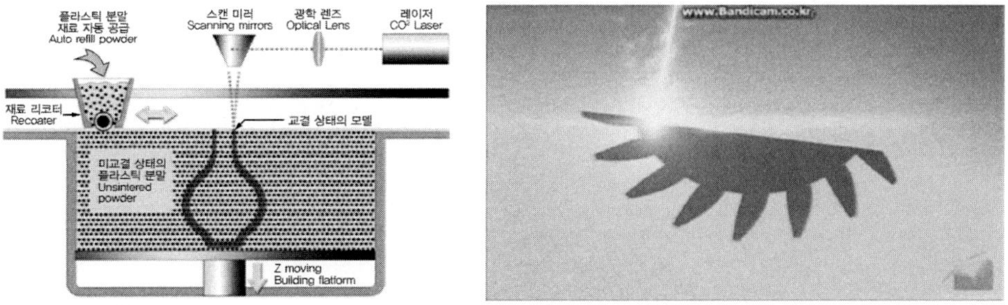

그림 6.6 SLS 방식[4]

SLS 방식에 적용되는 고분자 소재로는 폴리아미드, 폴리스티렌, 폴리카보네이트 등의 열가소성수지가 대표적이다. 3D Systems사에서는 폴리아미드를 기반으로 하는 SLS용 고분자 소재를 'Duraform'이라는 상품명으로 제공하고 있는데, 기본 폴리아미드 수지 외에도 탄소섬유, 알루미늄, 유리섬유 등이 복합된 폴리아미드, 난연 폴리아미드, 고충격 폴리아미드 등이 제품군을 형성하고 있다. **표 6.3**에는 SLS 방식의 3D 프린터에 적용되는 폴리아미드 소재의 일반적인 물성을 정리하였으며 **표 6.4**에는 폴리아마이드 소재 단점을 보완한 소재를 정리하였다.

표 6.3 SLS 방식의 3D 프린팅용 폴리아미드 고분자 소재의 물성[6]

	Condition	PA	Glass-filled PA	Flame-retardant PA	Durable PA
Tensile Strength, Ultimate (MPa)	ASTM D638	43	26	32	48
Tensile Modulus (MPa)	ASTM D638	1586	4068	1880	1517
Elongation at Break (%)	ASTM D638	14	1.4	20	47
Flexural Strength, Ultimate (MPa)	ASTM D790	48	37	46	46
Flexural Modulus (MPa)	ASTM D790	1387	3106	1462	1310
Hardness, Shore D	ASTM D2240	73	77	73	74
Impact Strength (notched Izod, 23℃) (J/m)	ASTM D256	32	41	49	74
Impact Strength (unnotched Izod, 23℃) (J/m)	ASTM D256	336	123	371	1486
Gardner Impact (J)	ASTM D5420	2.7	4.5		11.8
Heat Deflection Temperature (HDT) (℃)	ASTM D648 @ 0.45 MPa @ 1.82 MPa	 180 95	 179 134	 194 70	 188 48
Coefficient of Thermal Expansion (mm/m℃)	ASTM E831 @ 0–50 ℃ @ 85–145 ℃	 82.6 179.2	 82.6 179.2		 120 342
Specific Heat Capacity (J/g℃)	ASTM E1269	1.64	1.09		1.75
Thermal Conductivity (W/mK)	ASTM E1225	0.70	0.47		0.51

표 6.4 SLS 방식에 사용되는 고분자(Polyamid) 소재

소재	특성
Polyamide 12	좋은 기계적 물성, 좋은 내화확성
Glass-filled nylon (PA-GF)	높은 강성, 마모성 우수, 내열성
Aluminium-filled nylon	광택, 높은 강성
Carbon-fiber filled nylon	높은 강성, 고강도

6.2.4 고체기반 3D 프린팅 고분자 소재

고체기반의 고분자 소재를 사용하는 예로는 FDM 방식의 3D 프린팅 기술이 대표적이다.(**그림 6.7**) FDM 방식은 고체 필라멘트 형태의 고분자 소재가 노즐을 통해 분사된다. 노즐은 고분자 소재를 용융시킬 수 있을 정도로 가열되어야 하고 노즐을 통과한 고분자는 신속하게 냉각되어 적층된다. 앞에서 소개한 다른 방식의 3D 프린팅 방식에 비해 비교적 다양한 고분자 소재를 사용할 수 있는 장점이 있다. 지금까지 알려진 바로는 ABS, 폴리아미드, 폴리카보네이트, 폴리에틸렌, 폴리프로필렌 등의 열가소성수지들이 사용될 수 있으며 최근에는 폴리유산(polylactic acid, PLA)을 채택한 3D 프린터가 많이 출시되고 있다.

초기의 FDM 방식 3D 프린터에는 ABS 수지가 채택되었는데 이는 기계적 물성이 우수한 엔지니어링 플라스틱의 일종으로 2차 가공이 용이한 장점이 있으나 고분자의 용융 시에 발생하는 증기로 인해 반드시 환기를 필요로 하는 등 작업 환경이 좋지 못하다는 단점이 있다. 따라서 PLA를 사용하여 친환경적이고 정결한 성형한 장점이 있어 최

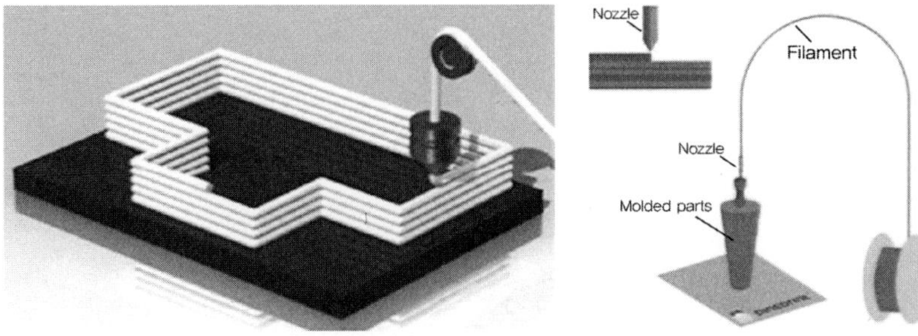

그림 6.7 FDM 3D 프린팅 방식[7]

근 저가형의 가정용 3D 프린터에는 PLA(Poly Latic Acid)를 고분자 소재로 채택하는 예가 증가하고 있다. PLA는 수축 변형이 없어 기술적인 혁신 없이도 규모가 큰 조형물 제조를 가능하게 하였으며 무엇보다 친환경적이라는 장점을 가지고 있으나 가격이 비싸고 상대적으로 너무 부서지기 쉬운 성질 때문에 내구성이 떨어지며 표면처리나 도색 등 2차 가공이 어렵다는 단점이 있다. 이러한 단점을 보완하기 위한 나일론 원료가 관심을 모으고 있는데 대표적으로 'Taulman 3D 618 Nylon'은 접착성, 저흡수율의 특성을 가지고 있고 가격이 싸다는 이유뿐 아니라 인장강도, 내마모성, 내약품성, 내열성이 좋고 마찰계수가 낮아 성형성이 좋다는 장점이 있다. 또한 각종 첨가제를 혼합하여 강화, 충진, 내충격, 난연 등의 물성을 확보할 수 있어 다양한 용도로 사용될 수 있다. 폴리아마이드 이외에 폴리카보네이트 수지는 고온에서 변형이 작으며 기계적으로 우수한 물성을 보유하고 있어 FDM 방식의 3D 프린팅 소재로 사용되어 주목받는 소재이다.

FDM 방식의 3D 프린터를 최초로 개발한 Stratasys사에서는 ABS 수지를 사용하는 제품군을 바탕으로 폴리카보네이트 수지를 채택한 제품군을 제공하고 있으며 고성능의 엔지니어링 플라스틱으로서 polyphenylsulfone 계열의 고분자와 난연성이 우수한 polyetherimide의 일종인 'ULTEM'을 사용한 FDM용 고분자 소재를 제공하고 있다. **표 6.5**에 소재들의 물성을 정리하였으며 **표 6.6**에는 FDM 방식에 일반적으로 적용되고 있는 열가소성수지들의 장단점을 정리하였다.

표 6.5 FDM 방식의 3D 프린팅용 고분자 소재의 물성[5]

	Condition	ABS plus	PC	PPSF/PPSU	ULTEM
Tensile Strength (MPa)	ASTM D638	37	68	55	72
Tensile Modulus (MPa)	ASTM D638	2320	2300	2100	2200
Elongation at Break (%)	ASTM D638	3	5	3	6
Flexural Strength (MPa)	ASTM D790	53	104	110	115
Flexural Modulus (MPa)	ASTM D790	2250	2200	2200	2500
Impact Strength (notched Izod, 23℃) (J/m)	ASTM D256	106	53	59	106
Heat Deflection Temperature (HDT) (℃)	ASTM D648 @ 0.45 MPa @ 1.82 MPa	 96 82	 138 127	 189 230	 – 153
Glass Transition (℃)	DMA	108	161		186

표 6.6 FDM 방식에 사용되는 고분자 소재[5]

소재명	장점	단점
ABS	높은 강도, 내열성	뒤틀림에 취약함
PLA	뛰어난 시각적 품질, 인쇄하기 쉬운 제품	낮은 충격 강도
Nylon (PA)	높은 강도, 내마모성, 내화학성	낮은 습도 저항
TPU	높은 유연성	정확하게 인쇄하기 어려움
PEI	높은 비강도, 내열성, 내화학성	높은 비용

6.3 엘라스토머(유기탄성체)

고무는 고온으로 압축되어 냉각되고 경화되는 과정을 거쳐 제품으로 탄생된다. 고무가 가황되면, 그것은 고체가 되고 모양을 유지하지만 가황 후 다시는 유동적이 되지 않는 비가역적이다. 3D 프린팅의 경우, 연속적으로 유체가 되는 재료가 적합하여 사실상 고무는 인쇄하기에 적합하지 않지만 유연하다는 장점 때문에 3D 프린팅용 소재를 개발하고 있다. 따라서 열가소성고무와 같은 합성물질은 고무를 대체하여 3D 프린팅 소재로서 적합하다. 상업적으로 사용되고 있는 'FLEX' 필라멘트는 60℃에서 녹아 FDM 방식에 사용할 수 있다. **그림 6.8**에 신발 밑창을 3D 프린팅한 예를 나타내었다. 씰, 오링과 같은 산업용 고무제품에도 향후 적용될 수 있다.

그림 6.8 3D 프린팅으로 제작된 신발용 창 (sole)[8]

6.4 3D 프린팅 소재 시장 동향

6.4.1 세계시장

3D 프린팅 기술의 발달은 3D 프린터 제조회사가 주도적으로 이끌어 왔으나 소재의 중요점이 부각되기 시작하여 소재전문 개발회사들이 생겨나기 시작하였다. 리서치 업체 'Canalys'는 2018년 3D 프린터 단말 및 관련 서비스와 소재 등 3D 프린팅 산업 전반의 시장규모 2018년 기준 162억 달러 규모라고 보고하였다.[1] 이 중 2013년 18억 달러 수준이었던 관련 서비스 및 소재 시장의 성장이 3D 프린팅 시장을 주도할 것으로 전망된다.

언론매체 'Huffington Post'도 소재 시장의 중요성을 강조하고 있으며, 특히 3D 프린팅 소재가 액체나 분말 등 보다 더 유통이 간편한 형태로 발전할 경우 3D 프린터와 더불어 새로운 거대 산업으로 성장할 수 있다는 의견을 제시하고 있다. 이와 같은 이유로 3D Systems나 Stratasys사 등의 3D 프린터 제조회사들은 각 회사의 프린터의 전용소재 개발에 주력하고 있다. 이는 2D 프린터 시장의 경우를 보더라도 쉽게 예측이 가능하다.

표 6.7 전 세계 3D 프린팅 시장 규모 현황(2013~2018)[9]

분류	2013	2014	2018	2013~2018 연평균 성장률(CAGR)
3D 프린터 단말기 시장	7억 달러	13억 달러	54억 달러	50.1%
관련 서비스 및 소재 시장	18억 달러	25억 달러	108억 달러	43.8%
총 시장 규모	25억 달러	38억 달러	162억 달러	45.7%

6.4.2 국내 시장

국내 3D 프린팅 분야의 시장은 2019년 5,082억 원으로 세계시장 성장보다 다소 낮은 것으로 나타나는데 출력물의 표면양호면이 떨어지고 다양한 제품종류 및 AS 시장이 활성화되지 않았기 때문이다. 국내 소재 전문업체에서는 3D 프린팅 관련 소재를 신성장 동력으로 추진하여 소재 시장에 진입하려는 초기단계에 머물고 있다. 국내의 대표적인 소재 생산기업인 LG화학은 ABS 생산에 집중하고 있으며, Stratasys 등이 LG화학 ABS를 가공해 완제품 성형 소재로 활용하고 있는 것으로 알려져 있다. 최근 활용 빈도가 높은 PLA의 경우 국내 기업들이 양산을 검토 중인 것으로 전해진다. 그러나 플라스틱 수지는 프린팅 과정에서 충분히 압력을 가할 수 없어 내구성이 약할 뿐만 아니라, ABS 수지는 냄새 문제가 있고, PLA 수지는 부서지기 쉬우며 습기에 약하다. 최근에는 ABS와 PLA 두 소재의 장점만을 가진 새로운 소재로 유연성이 우수하고 수축과 변형이 없으며 재활용이 가능한 PET+가 개발되었다. 현재 프린팅에 쓰이는 플라스틱 소재는 가격이 고가이다. 사출성형에 사용하는 플라스틱이 1kg에 3,000원 내외인 반면 3D 프린팅에 쓰이는 광경화성 수지 가격은 1kg에 10만~30만 원 수준이다. 플라스틱에 다른 소재를 혼용할 수도 있지만 기술 개발은 느린 상황이다. 이와 같은 한계를 극복하는 노력이 3D 프린팅의 소재가 다양화되면서 니켈합금, 탄소 섬유, 유리, 전도잉크, 제약 및 바이오 소재와 같은 다양한 재료가 개발되고 있다.

6.5 3D 프린팅 소재 연구개발 현황

6.5.1 해외 3D 프린팅 소재 연구개발 현황

3D Systems Inc. (미국), Stratasys Ltd. (미국), Arcam AB (스웨덴), ExOneGmbH (독일)가 전 세계 3D 프린팅용 소재시장의 약 75%의 시장 점유율을 차지하고 있다. 프린터 제조사는 기계적 물성, 미관, 치수안정성, 수율, 시스템 안정성 등을 고려하여 프린터 시스템과 소재를 서로 최적화해야 하므로 다른 소재를 사용하는 경우 신뢰성과 품질에 문제가 발생할 가능성이 크다는 이유로 프린터가 제대로 작동되지 않으면 사용자들의 책임으로 하기 때문에 다른 소재의 사용을 기피한다. 더구나 3D 프린터 제조기업의 소재연구는 불충분한데 그 이유는 소재개발에 소요되는 노동과 시험이 광범위하고 많은 재정적 자원이 요구

되기 때문이다. 3D 프린팅 소재 개발에 많은 비용이 소요되므로 3D 프린터 제조업체들은 큰 수요가 있거나 전망되는 소재에 연구개발을 집중하고 있다.

- 미국의 전문 고분자 소재업체인 PolyOne은 대학연구자들과 3D Printing 첨단소재를 개발하기 위하여 2012년부터 3년 동안 협력연구 프로젝트(US $3백만)를 수행하였는데 연구개발 초기에는 항공산업 및 자동차산업에 필요한 특수응용소재 연구, 다음 단계에서 의료 포함 모든 분야의 소재 연구를 수행하였다. 이 연구프로젝트에 참여하는 기업은 GE Aviation, 항공기부품제조기업, Rapid prototyping bureau(Rapid Prototype & Manufacturing(RP+M)), 3D prototyping 장비 제조기업인 Stratasys 등이다.
- Arevo는 카본 복합재료를 출시하였다. PEEK, PAEK와 카본복합 고강도 3D 프린팅용 복합재료를 출시하여 항공산업, 방위산업 및 의료산업에 활용하는 것을 목표로 하고 있다. 'ULTEM', Solvay의 'KetaSpire PEEK & AvaSpire PAEK', 'PrimoSpire self-reinforced polyphenylene', 'Radel polyphenylsulfone (PPSU) resins' 등을 3D 프린팅 소재로 활용하기 위한 연구를 진행 중이다.
- MadeSolid는 2014년 차세대 소재 'PET+'를 개발하였다고 발표하였다. 현재 가장 많이 사용되고 있는 소재인 ABS는 냄새 문제가 있고, PLA는 부서지기 쉽고 습기에 약한 문제가 있다. PET+ 소재는 ABS와 PLA 두 소재의 장점만을 가진 새로운 소재로서 유연성이 우수하고, 수축과 변형이 없으며 재활용이 가능하다. 'MS 레진'은 SLA 프린터용 소재로서 PET+의 경우와 마찬가지로 현재 사용되고 있는 소재의 단점을 없앤 특수 제조 레진이다. 선명한 색상이 가능하고 점성이 낮아 세척이 용이한 장점이 있다.
- Stratasys는 2013년 말에 고강도 재료인 '디지털ABS2'를 출시하였다. 폴리젯(PolyJet) 방식의 3D 프린터용 소재로서 높은 치수안정성을 부여하여 얇은 벽(thin-walled) 구조의 모형 제작에 이상적이며, 기존 녹색 외에 아이보리색도 출시하였다. 또한, 스트라타시스는 투명한 소재를 개발하여 화장품과 향수병의 prototype을 제작하였다.
- 독일 소재 제조사 컬러펩(ColorFabb)의 3D 프린팅 필라멘트 신제품, 'nGen'은 co-polyester로 만들어진다. 이 소재는 인쇄 중 인쇄물을 견고하게 유지해 실패

확률을 낮춘다고 한다. 소재 압출 3D 프린터로 인쇄하면 적층흔이 남는데, ‘nGen’은 이 적층흔을 최소화하였다.

– 미국의 Texas Tech 연구진은 플라스틱과 카본 나노튜브 복합소재를 개발하여 특허를 출원하였다. 카본 나노튜브는 steel보다 강하고 열에 의하여 다른 물질과 결합한다는 원리를 이용하여 플라스틱 필라멘트를 카본 나노튜브로 코팅한 소재를 개발하였다. 카본 나노튜브는 프린팅 과정에서 플라스틱층 사이에 샌드위치 상태로 존재하고, 인쇄 후 인쇄물을 마이크로웨이브로 짧은 시간 동안 처리하여 카본 나노튜브가 플라스틱과 결합하도록 한다. 플라스틱층 사이의 이음새(연결부분)는 완성된 인쇄물에서 가장 약한 부분이다. 카본 나노튜브와 플라스틱 사이의 결합은 매우 강하고, 경량이면서 고강도이어서 자동차, 항공기, 우주선 등의 산업에 이용이 가능하다.

6.5.2 국내 3D 프린팅 소재 연구개발 현황

국내 소재 전문업체들은 3D 프린팅 소재를 신성장 동력으로 추진하고 있으나, 현재는 소재시장에 진입하는 초기 단계에 있다. LG화학은 ABS 생산에 집중하고 있는데 ABS는 충격에 강하면서도 가벼워 금속 대체가 가능하다. ABS는 대중적인 3D 프린팅 방식은 FDM 방식의 주요 소재로 사용되는 아크릴로니트릴(A), 부타디엔(B), 스타이렌(S) 성분의 합성수지로 가공성, 내충격성, 내열성이 좋아 각종 전자기기 부품(냉장고, 청소기, 세탁기, TV, 모니터 등), 자동차 내 외장재(라디에이터 그릴, 손잡이, 자동차 램프 등), 사무실 기기, 잡화, 완구류(레고, 완구 본체 등)에 사용되고 있다. 3D 프린팅 기술에는 LG화학이 생산하는 ABS 펠렛을 중간 가공회사에 넘기면 이 업체가 실 형태의 필라멘트를 뽑아 3D 프린팅 업체에 최종 납품하는 형태로 적용되고 있다. LG화학이 3D 필라멘트를 직접 생산하고 있지는 않지만 앞으로 3D 프린팅 기술 성장세가 기대가 되는 만큼 이 사업에도 진출하게 될 가능성이 크다. SK케미칼은 PolyLaticAcid(PLA)의 양산을 검토 중이다. PLA는 플라스틱과 유사한 성질을 보이면서 특정 환경에서 자연 분해되는 친환경 소재이다. 국내에서 ABS와 PLA 사업에 집중되어 있는 것은 3D 프린팅 중 가장 널리 사용되고 FDM 방식에서의 주재료로 사용되기 때문이다. 표 6.8에 ABS와 PLA의 장단점을 정리하였다.

표 6.8 ABS와 PLA의 장단점

재료	장점	단점
ABS	가공하기 쉬움 내충격성, 내열성 우수 표면처리, 도색가능	프린팅 시 냄새
PLA	친환경적 인체에 무해 칼라링 쉬움	열에 약함 내충격성 약함 표면처리, 도색 가능하지 않음

대주전자재료사는 3D 프린터 재료의 핵심인 터치패널용 나노잉크재료의 개발에 주력하고 있고 코오롱플라스틱은 3D Printing 소재사업을 검토하고 있다. 신아티앤씨는 절연 소재인 특수 에폭시(Epocy) 수지와 경화제 관련 기술을 보유하고 있다. 씨에이텍은 신아티앤씨와 3D 프린터용 연질소재, 고강도 소재, 고내열성 소재 등 다양한 기능성 소재를 공동으로 개발할 예정이다. 씨에이텍은 이미 광경화성 수지를 자체 개발해 3D 프린터용 소재를 활용하고 있으며, 고무 같은 연질소재(Rubber Like)도 개발을 진행 중이다. 개발이 마무리 단계에 있는 연질소재의 경우 부산지역 주력 산업인 신발산업에 적용해 다양한 시제품을 생산하는 등 3D 프린터 활용도를 크게 높일 것으로 기대된다.

최근 김연구실[10]에서는 soft material(유연소재)의 연구가 활발히 진행되고 있어 FDM 방식의 TPU 소재 개발[10] 및 SLA 소재의 광경화 실리콘 고무 소재를 개발 중이다. 이러한 유형의 실리콘 고무를 사용하여 직접 인쇄하면 인쇄 과정을 단축하고 인쇄 효율을 높일 수 있다. 현재 실리콘 고무의 인쇄를 위해 금형은 일반적으로 다른 인쇄 방법에 의해 먼저 생산된 후 실리콘 고무를 주형에 주입하여 이전에 언급한 것과 같은 형태를 형성하는 복잡한 과정 대신 3D 프린팅 방식을 사용하면 이러한 과정들이 단순화할 수 있다.

6.6 결론

현재 사용하고 있는 주요 고분자 소재는 PLA, ABS, Nylon, Urethane, PLA/ABS Alloy, PC, PEI 그리고, UV Resin과 Photopolymer 등으로 사용할 수 있는 3D 프린팅 고분자 소재는 제한적이며 다양하지 않다. 현재 3D 프린팅용으로 시장에서 사용되고 있는 소재는 FDM 방식의 ABS와 PLA가 주종을 이루고 있으면서, SLS 방식의 Nylon이 주로 사용되고 있다. 이들 소재들은 강도가 약하거나 정밀하지 못하다는 문제가 있다. 고분자 소재가 널리 활용되기 위하여는 우수한 기계물성과 정밀한 형상구현이 가능하여야 한다. **표 6.9**에 현재 사용되는 3D 프린팅용 고분자 소재의 장단점을 나타내었다. 강도를 개선하기 위해서 유리섬유, 탄소섬유, 그라펜 등을 함침한 소재의 개발이 진행되고 있다. 예를 들면, Carbon Nanotube 또는 Carbon Fiber Reinforced Polymer, Glass Fiber Reinforced Polymer, Triboplastic (Self Lubricating), Graphene Alloy Polymer, UV Resin/Fiber reinforced 등을 들 수 있다. 탄소 섬유가 차세대 3D 프린팅용 소재로 각광을 받고 있으며 soft 소재로서 TPU, 실리콘 소재가 주목을 받고 있다.

표 6.9 3D 프린팅용 고분자 수지의 장단점

특성재료	장 점	단 점
광경화 수지	매끄러운 표면 마감	상대적으로 잘 부서짐
투명 수지	투명함	매우 투명한 마감을 위해 후처리가 필요
내구성 수지	고강도, 뛰어난 마모 및 화학적 저항성	낮은 열 저항
유연한 수지	고무 같은 수지	낮은 치수, 정확도

참고문헌

1. 3D 프린터 고분자재료 연구회 보고서 (2014)
2. Lux research, Inc
3. http://www.360doc.com/content/17/0306/16/51704_634461824.shtml
4. 한국고무학회 '3D프린팅기술 트랜드 및 플라스틱 응용 사례' (2018)
5. http://www.stratasys.com
6. http://www.3dsystems.com
7. http://www.360doc.com/content/17/0306/16/51704_634461824.shtml
8. 3d printing rubber dddrop
9. Canalys(2014.3)
10. Macromol.. Res. 26(13), 1265−1272 (2018)

CHAPTER 07

3D 프린팅 방식의 고분자 소재 특성에 따른 불량 문제점

7.1 SLS 방식의 3D 프린터용 고분자 원료 특성과 공정

SLS 방식의 3D 프린팅은 고분자 분말의 얇은 층에 레이저를 조사하여 원하는 형상을 용융상태를 만든 후 다시 새로운 고분자 분말층을 반복적으로 올려 원하는 형태를 제조하는 시스템이다. 현재 고분자 재료로는 주로 Nylon12가 사용되고 있으며 강도보강을 위해 glass fiber powder를 섞은 Nylon12도 상업화되어 있다. SLS 방식으로 3D 프린팅을 할 때 최종 형상물의 형태 및 강도 등의 품질에 영향을 미치는 요소를 검토해 보면, (1) 분말의 크기 및 분포 (2) 분말의 형태 (3) Laser의 투과 특성 (4) 수분율 (5) 결정화도 (6) 결정 및 용융 특성 (7) 용융점도 (8) 열안정도 (9) 열전도도 등을 들 수 있다.

(1) 분말의 크기 및 분포의 영향

상용화된 고분자 분말은 대략 50㎛의 직경을 갖는 구형인데 이 크기가 작을수록 완전한 구형에 가까울수록 정밀한 형태를 제작할 수 있는 것으로 알려져 있다. 상업화된 제품들은 대개 완전한 구형이 아닌 감자와 같이 다소 울퉁불퉁한 표면형태를 갖고 있다. 이에 대하여 전문가들은 완전 구형이 적층시 층의 높이 조절 및 제품의 내부 void 줄이는 데 유리할 것이라는 의견이다. 분말 크기의 균일도가 형상물의 품질에 어떠한 영향을 미치는지에 대해 Barries 등에 의해 보고되었다. **그림 7.1**은 실험결과를 도식화한 것이다.

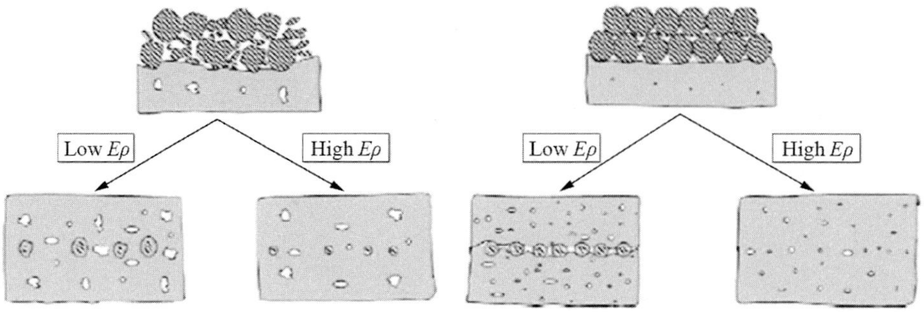

그림 7.1 분말의 크기 분포가 최종 형상의 층간 특성 및 void에 미치는 영향[1]

불균일한 분말인 3D Systems의 'Duraform'을 사용한 결과와 균일한 분말인 'Innov PA 1550'을 사용한 결과를 전자현미경으로 비교한 사진을 **그림 7.2**에 나타내었다.

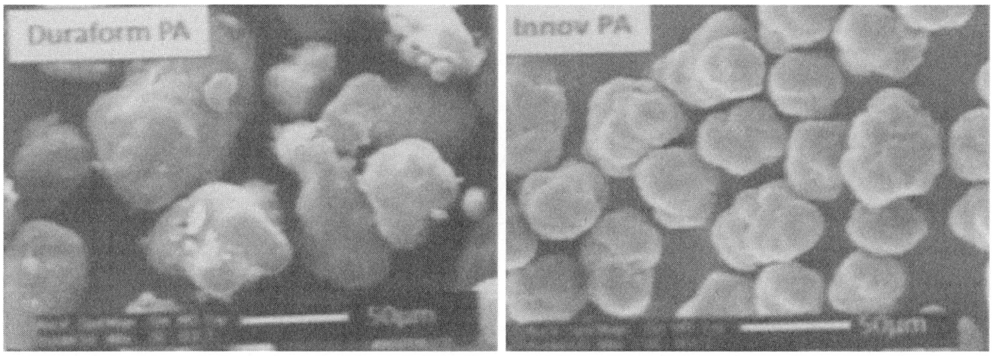

그림 7.2 실험에 사용된 분말형태(Duraform PA 및 Innov PA)[1]

그림 7.3은 적층구조물의 측면을 현미경으로 관찰한 것으로, 크기가 균일한 분말(Innov PA)은 낮은 레이저 강도에서는 층간의 접착이 충분치 않은 형태로 나타났으며 레이저 강도가 높아질수록 이러한 층간 접착불량이 줄어드는 것으로 나타났다. 크기에 분포가 균일한 분말(Innov PA)의 경우 층간 접착이 낮은 레이저 강도에서도 우수하게 나타났다. 이러한 층간 접착이 불충분할 경우 최종 구조물의 강도가 저하되는 것으로 예측된다.

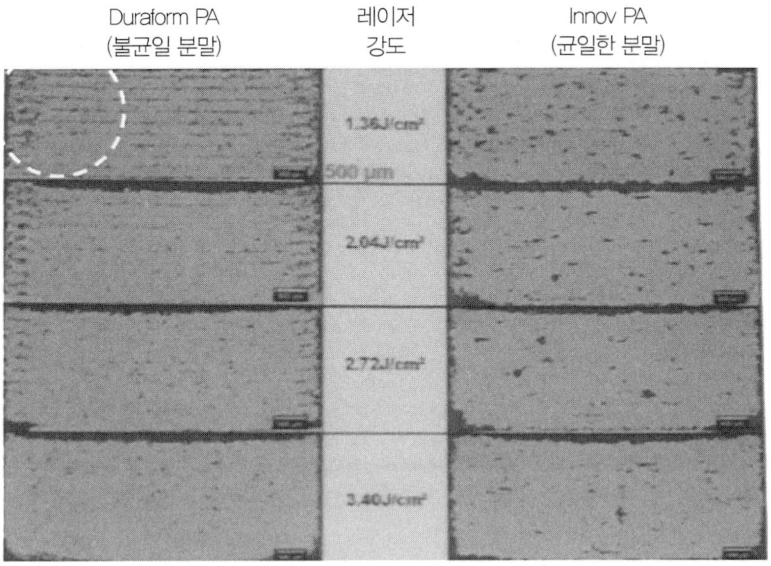

그림 7.3 레이저 강도에 따른 적층구조물의 측면 형태 (사진 내 bar의 길이가 500㎛)[1]

(2) 분말 형태

분말은 가능한 완전구형으로 되어야 외력에 대한 흐름성이 좋아져서 3D 프린팅 공정 중 분말을 새롭게 공급할 때 균일한 두께 및 표면을 갖는 것으로 알려져 있다. 시스템에서 새로운 분말이 공급 적층될 때 3D Systems사는 롤러(roller)를 사용하고 EOS사는 Blade를 사용하여 층을 쌓기 때문에 공급 시 분말에서 저항이 생긴다. **그림 7.4**는 이들 시스템의 형태를 간략히 설명한 것이고 이 각각의 방식은 특허로 등록되어 있다.

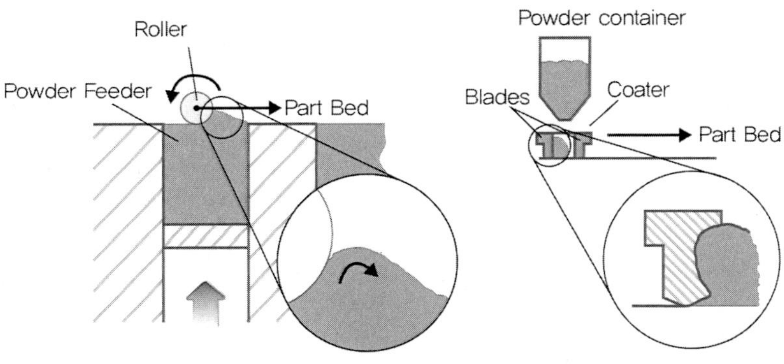

그림 7.4 왼쪽이 Roller를 사용한 구조이고 오른쪽이 Blade 방법의 구조[2]

그림 7.5는 분말의 흐름성이 좋지 않은 경우 최종 적층물의 외관이 나빠지는 것으로 나타낸 실험 결과이다.

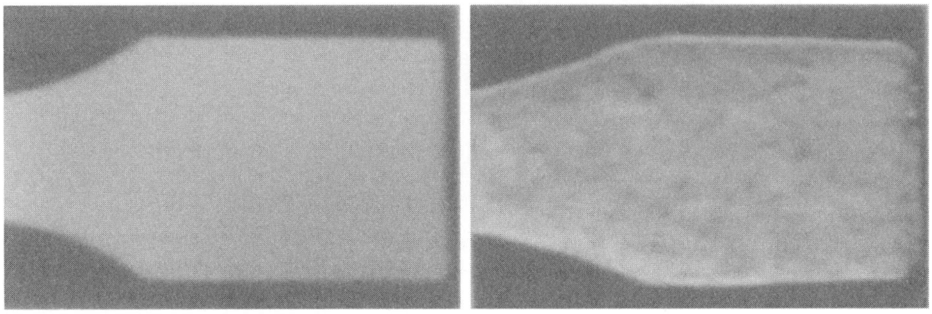

그림 7.5 분말의 흐름성이 우수한 경우(왼쪽)과 불량한 경우(오른쪽)의 3D 적층물의 외관 차이[2]

새로운 층이 형성될 때 고분자 분말을 낮은 저항으로 공급하기 위해서 가능한 구형의 형태를 가져야 하고 분말이 서로 달라붙지 않도록 표면에 나노 크기의 실리카(silica)를 코팅하기도 하는 것으로 알려져 있다. **그림 7.6**을 형태 및 나노 실리카 처리에 따른 롤러 저항력 측정결과이다. 그림에서 보는 것처럼 구형 표면처리된 분말의 롤러저항력이 비구형 무표면처리 분말에 비해 1/5 이하의 낮은 저항력을 나타내 형태 및 표면처리가 중요한 것을 알 수 있다.[3]

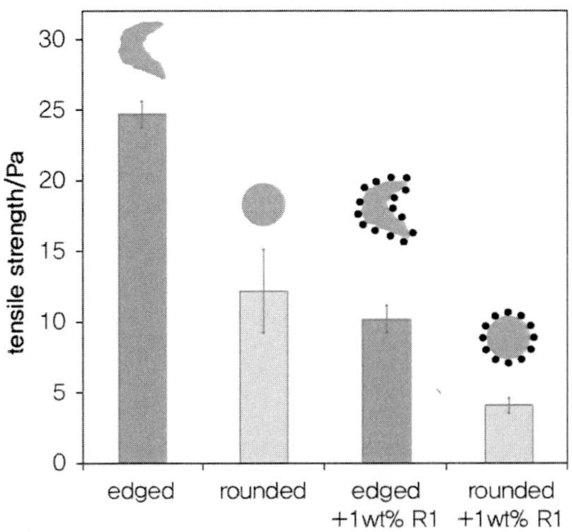

그림 7.6 형태 및 표면처리에 따른 롤러의 저항력 변화 (낮을수록 공급이 용이하다.)[3]

(3) 레이저의 투과 특성

고분자용 SLS의 경우 일반적인 CO_2 레이저(λ=10.6μm)를 사용하는 것으로 알려져 있다. 고분자에 잘 투과되어 균일한 용융특성을 높이기 위해서 파장이 길어야 하며, 레이저 세기가 강할수록 층간 접착특성이 높아진다. 레이저만으로 충분한 용융효과를 얻을 수 없을 경우 IR heater를 이용하여 표면온도를 150℃까지 높일 경우 낮은 레이저 파워에서도 적층공정이 가능하다고 보고되어 있다.[4]

(4) 수분율

분말 내부에 수분이 과도할 경우 적층형성물 내부에서 수분에 의해 void가 발생하는 경우가 생긴다. 수분 제거를 위해 고분자분말을 건조(Predrying)하여 사용하는 것이 유리하며 특히 고온 다습한 환경에서 3D 프린터를 사용할 때 주의가 필요한 것으로 알려져 있다. Nylon 이외에도 폴리에스터 계열의 고분자 분말을 다룰 경우 분말 내부 수분율이 높을 경우 용융점도가 떨어져 적층구조의 품질에 큰 영향을 미칠 수 있어 주의가 필요하다.

(5) 결정 및 용융 특성

고분자 재료는 용융 후 냉각과정에서 일정한 온도에 이르면 결정화 현상이 일어나는데, 최종 적층형성물의 기계적 성질에 영향을 주기 때문에 중요하다. Nylon12를 사용하여 적층 형성하는 경우 강제 냉각이 일반적인 생각보다 냉각속도가 아주 느리다. Pfister Andreas 등에 의한 Nylon12 실험에 의하면 적층형성물 내부온도가 0.005℃/분 이하로 천천히 냉각되는 실험결과를 얻었다. 이렇게 느린 냉각속도는 부분별로 결정화 현상의 차이를 발생시켜 결정구조 차이, 수축률 차이 및 내부 void 발생 등의 불량을 유발한다.

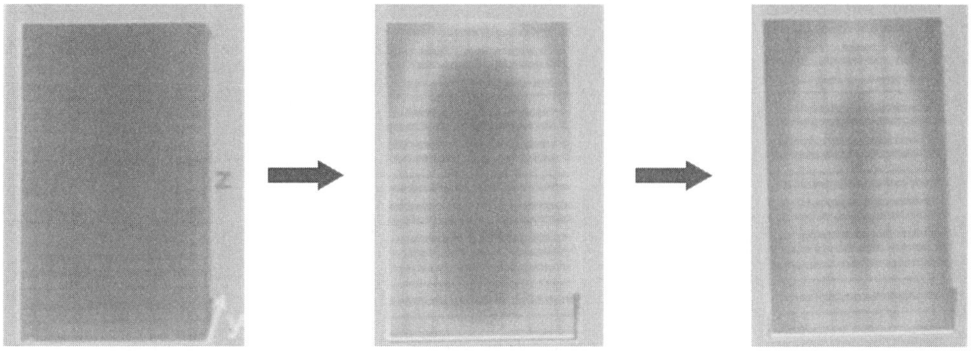

(a) 적층 완성 직후 (b) 500분 경과 (c) 1,000분 경과

그림 7.7 높이 432mm의 직육면체 적층 형성 시 (가로 및 세로는 높이의 약 1/2 수준) 온도 변화. 초기 내부 온도는 최고 160℃이며 외부 온도는 40℃임[5]

Nylon12의 경우 결정구조가 냉각속도에 따라 달라지는데 위의 적층물을 높이에 따라 5부분으로 샘플링하여 DSC 분석을 할 경우 냉각속도가 빠른 맨위와 맨아래 그리고 가장 냉각속도가 느린 가운데층의 용융 온도가 다른 것을 알 수 있다. **그림 7.8**은 높이에 따라 달라진 냉각속도 때문에 나타난 결정구조 차이를 알 수 있으며 중간층에 나타난 2중 peak는 결정구조에 따른 차이로 나타난 것이다(Nylon의 γ 및 α 구조).

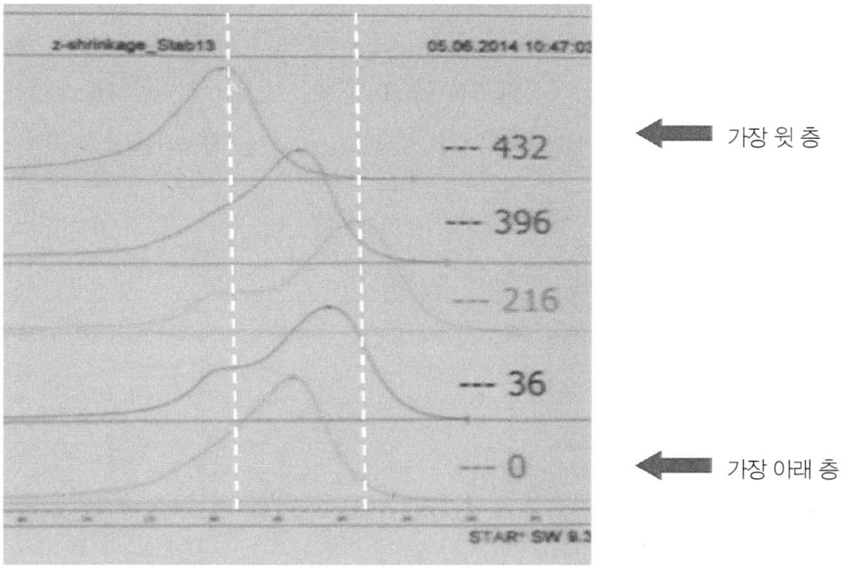

그림 7.8 높이별 DSC 용융 peak의 변화[5]

결정화 차이는 수축률의 차이를 유발하는 것으로 알려져 있는데 내부에 형성되는 void가 결정화 현상에 의존한다는 결과가 발표되었다. **그림 7.9**는 위의 실험에서 높이에 따라 void 수를 관찰한 결과로 결정화도가 가장 높은 가운데 부분이 void 발생이 가장 많다는 것을 알 수 있다.

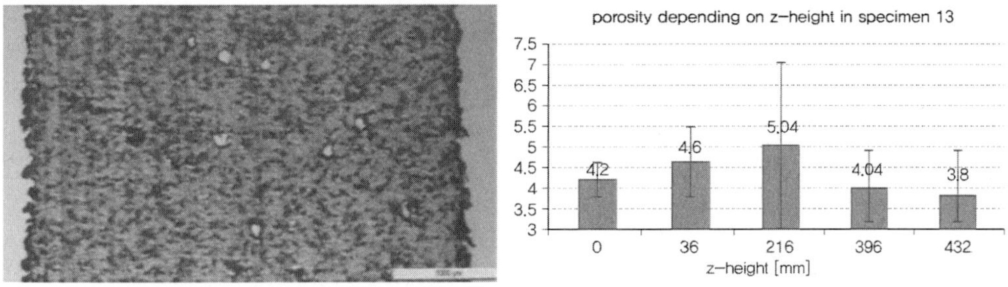

(a) 내부에 형성된 void (bar=1mm) (b) 높이에 따라 달라지는 void율

그림 7.9 높이에 따른 void 형성률 (높이 216mm에서 porosity가 5.04%로 가장 높다.)

(6) 용융점도

고분자 분말이 레이저에 의해 용융된 후 용융점도가 너무 높을 경우 흐름성이 나빠 기존 분말 사이의 공극을 메우지 못하여 이 부분이 void로 남아 최종 적층 구조물의 물성이 나빠지게 된다. 이러한 불량이 생기지 않으려면 고분자 분말이 낮은 용융점도를 갖고 용융 후 낮은 표면장력을 갖음으로 인근 용융된 분말들과 짧은 시간 내에 뭉침 현상이 일어나야 한다. **그림 7.10**은 용융점도에 따라 가공 후 void가 생기는 현상을 나타낸 것이다.

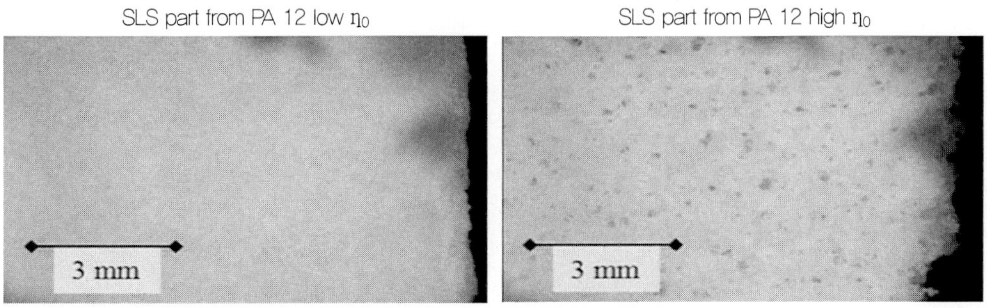

그림 7.10 Nylon 12의 용융점도에 따라 적층 후 void 발생의 차이가 나타난다.[6]

비결정(amorphous) 고분자는 일반적으로 가공온도에서 점도가 높아 인근 입자끼리 뭉침 현상이 잘 일어나지 않는 것으로 알려져 있으며 이에 의해 최종 적층구조물이 부서지기 쉬운 문제가 발생할 수 있다.

(7) 열안정성

고분자 재료의 가공범위는 승온 시의 용융온도(Tm)이 시작되는 온도와 냉각 시 결정화온도(Tc)가 시작되는 온도의 사이로 SLS공정 특성상 이 온도범위가 넓고 용융 시 열용량이 높아야 적층된 층간 접착이 좋아지는 것으로 알려져 있다. 또한 용융구간이 좁아야 분말이 전체적으로 쉽게 용융되어 공정에 유리한 것으로 알려져 있다. **그림 7.11**은 DSC 그래프에서 고분자 분말의 최적 열적거동의 범위를 나타낸 것이다.

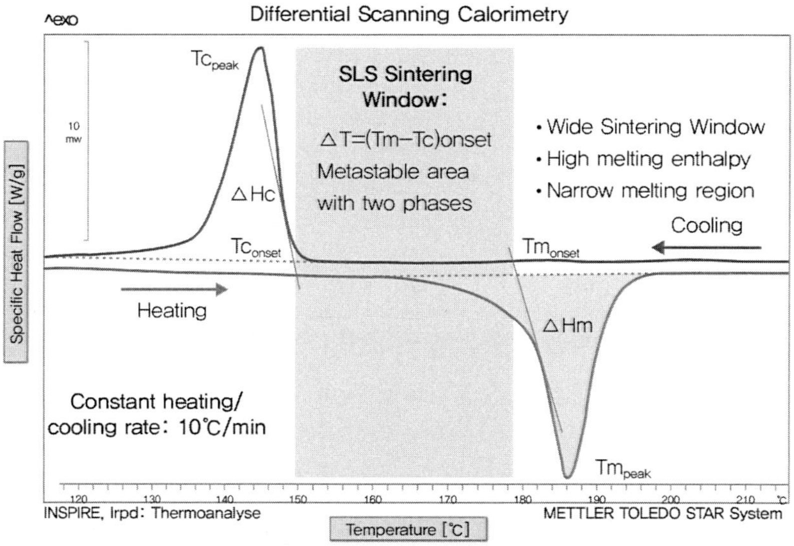

그림 7.11 고분자 분말을 사용할 때 SLS의 적정 공정온도 범위

또한 용융 peak과 결정화 peak의 구간이 짧은 경우 레이저가 조사되는 부위 인근의 고분자 분말이 미세하게 함께 용융이 일어나며 이로 인해 적층구조물의 경계가 분명하게 되지 않는 현상이 일어난다.

(8) 열전도도

고분자 재료는 일반적으로 열전도도가 낮은 편인데, 결정화 온도에서 시간이 지체될 경우 고분자 재료의 결정화도가 달라져서 형태 변형과 심하면 균열과 같은 문제를 일으키는 것으로 보고되고 있다. 가장 많이 보고되는 현상으로 적층구조물 바닥 부분과 같이 열전도가 용이한 부분과 가운데 부분과 같이 열전도가 어려운 부분 간에 결정화 수준이 달라져 휘는 현상(Curing)을 들 수 있다. **그림 7.12**와 같이 적층구조물의 가장자리가 뜨는 curing 현상이 일반적으로 나타나나 구조물의 형태에 따라 가운데가 위로 올라오는 현상이 나타나기도 하는데 동일한 원인에 의해 나타나는 현상이다. 일반적으로 바닥 접촉 부분에 온도를 주어 열전도를 떨어뜨림으로 해결하고 있다.

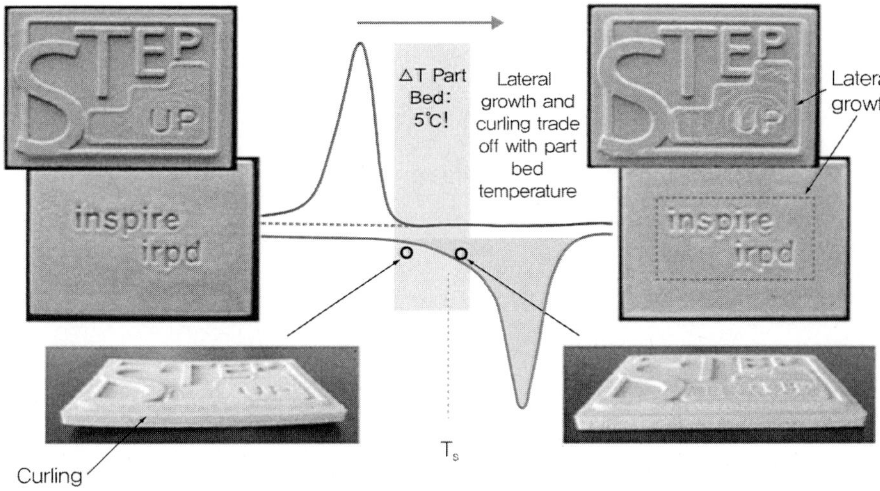

그림 7.12 온도 차에 의해 바닥면의 가장자리가 뜨는 curing 현상

바닥층뿐 아니라 내외층 간에도 같은 원인에 의한 불량이 발생하기도 하는데, 가공온도에 따라 빨리 냉각되는 외부와 천천히 냉각되는 내부 간에 잔유응력 차이가 발생하여 적층구조물이 갈라지는 현상이 나타나기도 한다. 이러한 현상은 가공온도를 올려주면 해결되는 것으로 알려져 있다.

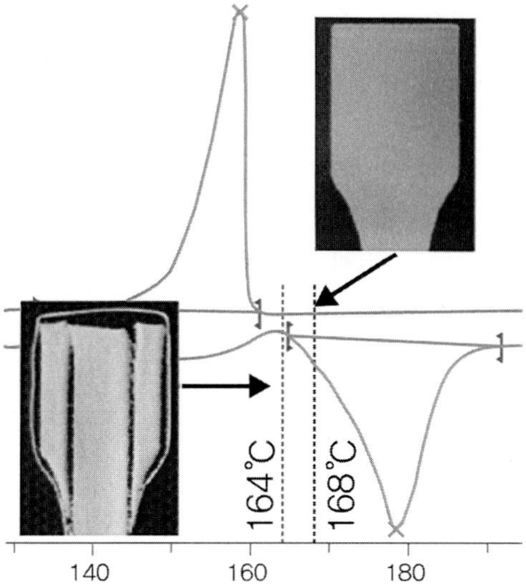

그림 7.13 가공온도에 따른 적층구조물의 형태 안정성

이외에도 냉각속도가 빠를 경우 구조물의 신율이 줄어들고 적층 간의 접착이 충분하지 않는 현상이 나타나기도 하여 3D 프린터 내에서 여러 개의 동일한 부품을 생산하고자 할 때 품질의 차이에 주의가 요구된다.

7.2 FDM 방식의 3D 프린터에서의 공정 불량

FDM 방식은 필라멘트를 용융시켜 층을 쌓아 구조물을 만드는 형식으로 SLS 방식에 비해서는 공정이 간단한 반면 층간 간격이 커서 구조물의 외관이 매끄럽지 못한 면이 있다. 또한 구조에 따라 제작하고자 하는 형태를 지지해 주는 지지대(supporter)가 필요한 시스템이다. 재료로는 주로 ABS가 사용되고 있으나 가공 시 냄새가 많이 발생하여 국내에서는 PLA(Poly Latic Acid)가 주로 사용되고 있다. 이외에도 PC(Poly Carbonate), PEI(PolyEtherImide) 등이 사용되고 있다. FDM 방식 프린터 사용 시 발생되는 문제점은 다음과 같다.

(1) 두께에 따른 기계적 물성변화

두께가 1mm 이상의 적층구조물을 만들 경우 일반 사출물에 비해 70%의 물성을 나타내는 것으로 알려져 있다. 그러나 이 이하의 두께를 갖는 적층구조물을 제작할 경우 필라멘트 적층방향에 따라 쉽게 부러지는 현상이 발생한다. 이것은 냉각속도가 빨라 필라멘트 간 접착이 충분하지 않은 것에 기인하는 것으로 재료를 ABS로 사용하는 경우 적층구조물 제작 후 아세톤으로 처리함으로 구조내부 필라멘트 간의 접착력을 향상시켜 이러한 문제점을 다소 해결할 수 있다. 재료적인 측면에서 볼 때, 용융 peak와 결정화 peak 사이의 온도구간이 길거나 용융 열용량이 클 경우 이러한 문제점들이 해결될 수 있다.

(2) 구조물 바닥 부분의 curling 현상 발생

SLS 방식의 3D 프린터와 동일한 이유에 의해서 바닥부분의 가장자리가 뜨는 curling 현상이 나타난다. 이러한 현상을 해결하기 위해서는 적층구조물의 바닥 부분이 천천히 식어 충분한 결정화 현상을 유도하여야 하므로 구조물 지지 부분에 열을 가하여 해결할 수 있다. 일반적으로 ABS의 경우 70℃, PLA의 경우 150℃ 수준으로 바닥 부분에 온도를 유지해 주면 해결되는 것으로 알려져 있다. 또한 부직포와 같이 표면이 거친 조직을 바닥 위에 올려놓아 용융 필라멘트가 바닥에 고정되게 하는 방법을 사용하기도 하는데 두께가 얇을 경우 큰 도움이 못되는 것으로 판단된다. Stratasys사의 경우 두께 2mm 정도의 특수 시트를 바닥에 놓고 그 위에 용융필라멘트를 적층시켜 curling을 방지하여 주는데 이것은 열전도를 막아 curling을 잡아주는 원리이다 일반적으로 ABS에 비해 PLA가 curling 현상이 적은 것으로 보고되고 있다.

(3) 필라멘트의 가공성

사용되는 고분자 필라멘트는 일반적으로 일정두께와 공차를 가져야 한다. 국내 R사에서 공급되는 필라멘트의 경우 직경이 1.75mm와 3.0mm가 제공되는데 공차를 ± 0.05mm 가져야 하며 이공차가 커질수록 적층의 두께가 불균일하게 되어 목적했던 최종 적층구조물의 규격을 얻기 어려워진다.

(4) 내부의 기포 존재

필라멘트가 수분을 많이 포함할 경우, 필라멘트가 용융되어 나오는 노즐 아래 부분에서 기포가 많이 발생하여 공정에 문제를 일으킬 수 있다. 고분자 재료의 공정수분율이 높을수록 이러한 현상이 많을 것이 예상되어 재료 선택에 신중을 기할 필요가 있으며 필라멘트의 보관에도 주의를 기울여야 한다. 고온 다습한 기온에서 방치된 필라멘트를 사용할 경우 필라멘트가 마치 끓는 것과 같이 기포의 발생이 심한 경우도 있다. 특히 PLA의 경우 수분에 의한 가수분해가 일어나기 쉬운 물질로 기포뿐 아니라 평균분자량이 떨어져 적층구조물의 기계적 물성이 급격히 떨어지는 문제가 발생하기도 한다.

이외에도 적층 소프트웨어의 특성에 의해 내부 void가 발생하기도 한다. 아래 그림은 PEI로 제조된 기어 부품인데 현미경 관찰시 많은 void 발생을 확인할 수 있다.

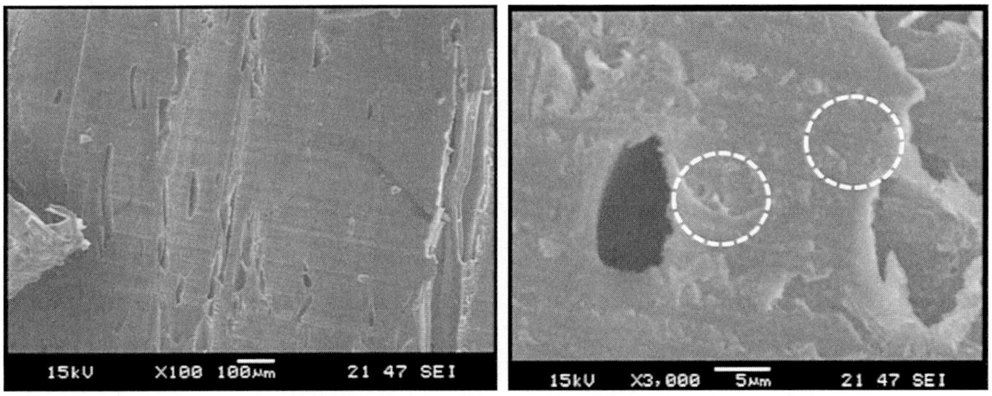

그림 7.14 PEI로 적층된 구조물에서 내부에서 필라멘트 간 접합 미흡에 의해서 발생된 듯한 많은 크고 작은 void를 관찰할 수 있다.[7]

(5) 구조물의 형태 변형

필라멘트에 의하여 적층된 구조물이 두꺼울 경우 냉각속도 차이에 의하여 내부와 외부의 수축이 달라져 가운데에 큰 틈이 생기기도 하는데 특히 두꺼운 원통구조에서 종종 발생되는 현상이다. **그림 7.15**는 PC 소재를 사용하여 기어를 제조한 경우인데 맨 왼쪽사진이 전체 형태로 기어의 외관은 설계대로 제작이 되었으나 내부가 원래 계획보다 작게 작성된 경우이다. 상세하게 현미경으로 확대 관찰하면 두께 2.5mm의 층 내부와 외부에서 수축에 의한 공간이 확인되며 이 공간의 두께는 약 0.7mm에 달한다. PC 소재는 비결정성 소재로 결정에 의한 수축이 아닌 엔트로피 수축으로 판단되며 두께가 있는 부품제조 시 이와 같은 불량이 일어날 확률이 높아질 것으로 예상된다. 제조 시 재료의 냉각속도를 높이면 줄어드는 현상으로 부품제조 공정속도를 낮추거나 재료의 열전도도를 높여 해결한다.

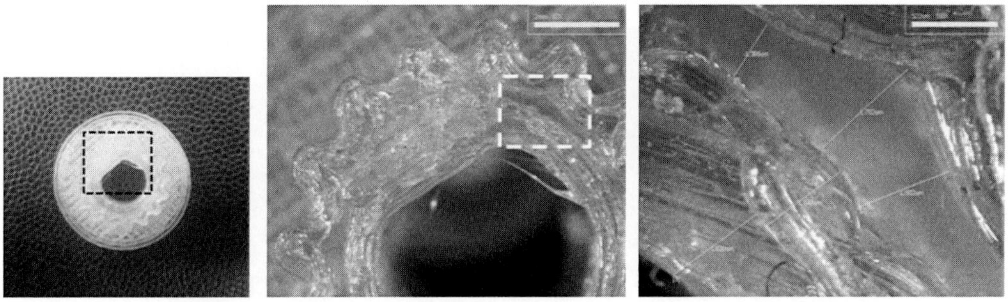

그림 7.15 Polycarbonate로 제작한 기어로 층간 수축에 의한 균열이 발생

(6) 지지대(supporter)의 탈착 어려움

지지대(Supporter)의 탈착은 불량이라기보다는 공정의 개선을 요하는 부분인데, 형상을 제작하기 위해서는 3D 형태를 제조하는 동안 조형물의 형태를 지지해 주는 구조를 같이 제작한 후 제거하여 원래 원하는 형태만 남길 때 필요한 구조물이다. 주로 FDM 방식과 SLA 방식에서 필요하며 지지대로 사용된 재료에 따라 작업 후 제거의 용이성에서 많은 차이를 나타낸다. Stratasys사의 FDM 방식의 경우 40–50℃의 세탁용 알칼리 용액에서 제거되는 재료를 지지대로 사용하는데 이의 제거에 4–5시간의 긴 시간이 소요되며 두꺼울 경우 24시간 가까이 소요되기도 한다. 소재가 ABS인 경우 지지대 재료가 있으나 소재가 PLA, PPS 또는 PEI의 경우 지지대 재료가 개발되어 있지 않아 사용이 불가능하다. 향후 제거에 4–5분 수준이면 되는 지지대 개발과 물에서 제거되어 PLA 등에 사용 가능한 지지대의 개발이 필요하다.

3D Systems사의 광경화용 방식인 Multijet의 경우 지지대로 wax를 사용하는 것으로 알려져 있는데 적층 후 70℃ 정도의 oven에서 1시간 이내로 처리하면 녹아 분리되며 완전히 제거되지 않은 지지대 재료는 50℃의 콩기름에 10분 이내로 처리하면 제거

되는 것으로 알려져 있다.

최근 일본의 Keyence에서 개발된 SLA 방식용 지지대는 초음파로 수분 내에 제거되는 성능을 갖고 있어 유사한 수준의 성능을 갖는 FDM 방식용 지지대 재료의 개발이 필요하다. **그림 7.16**은 Keyence의 지지대 재료를 사용한 예로 초음파 사용하여 물속에서 10분 이내의 단시간에 제거 가능한 것으로 소개되었다.

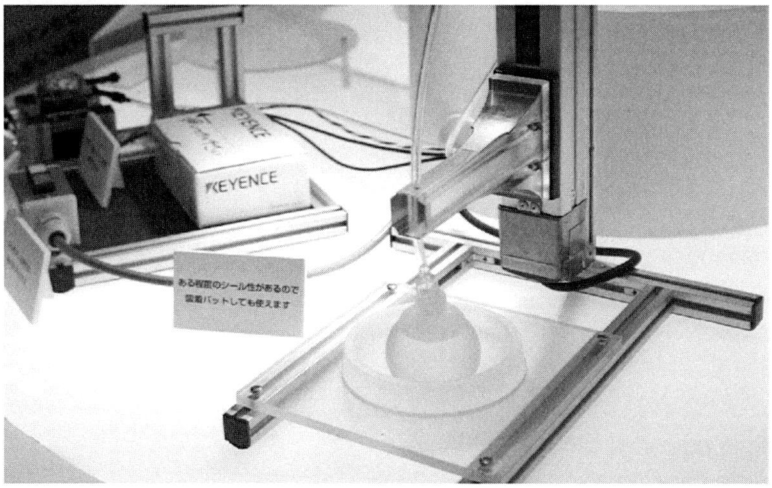

그림 7.16 Keyence의 지지대 재료를 사용한 3D 프린팅[8]

(7) 기타 FDM 방식의 문제점

FDM 방식의 3D 프린터 사용 시 나타나는 문제점들은 적층되는 층간 간격이 제품표면에 그대로 나타나 표면의 매끄러움이 떨어지는 조도가 높은 현상이 있다(현재 PLA가 가장 우수하며 ABS, PEI, PPS 순으로 알려져 있다.). 또한 프린트물에서 직각 형태의 구현이 어려운 것으로 알려져 있고(Stratasys 제품의 경우 최소 0.3mm R을 제공한다고 함) 반복 구현된 부품 간 물성 편차가 심한 것으로 알려져 있다.

7.3 SLA 방식의 3D 프린터에서의 공정 불량

SLA 방식은 액체상태의 광경화 고분자 물질을 UV 또는 레이저를 사용하여 가교를 부여하여 고체상태의 모양을 구현시키는 방식으로 액체 공급방법과 광원에 따라 여러 가지 세부 방식으로 불리고 있다. 일반적으로 SLS 방식이나 FDM 방식에 비해 정밀한 형태 구현, 우수한 표면 조도의 장점이 있으나 기계적 성질이 많이 떨어지는 문제점이 있다. 현재는 주로 아크릴 계통의 이중결합을 가진 고분자 주재료에 가교제, 개시제, 안정제 및 안료 등을 포함하여 원료를 만드는 것으로 알려져 있다. 가교전 재료의 분자량에 따라 최종 제품의 기계적 강도가 달라지지만 일반적으로 쉽게 부서지는 경향이 있다. 최근 탄성체 등을 보강하여 충격이 우수한 재료도 상업화 공급되고 있다.

(1) 형태 번짐 현상

광원에 대한 재료의 반응정도에 따라 조사광원 인근의 고분자 재료가 경화가 일어나서 원하는 형태의 외곽이 명확하지 않고 심한 경우 모양이 변형되는 현상이 일어나기도 한다. 이러한 문제는 광원의 강도 및 재료의 감도를 조절함으로 조절이 가능한 것으로 알려져 있는데 원하는 구조물 형태에 따라 조절이 필요한 경우도 발생하는 것으로

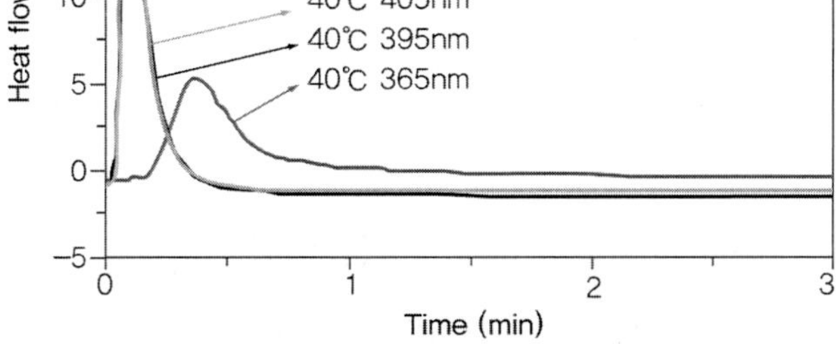

그림 7.17 SLA용 경화 재료의 UV 파장에 따른 반응속도 변화

알려져 있다. UV 광원과 재료 경화관계는 Photo DSC 측정에 의해 예측이 가능한데, **그림 7.17**은 UV 광원별 SLA 재료의 경화속도를 나타낸 것으로 재료의 경화를 확인할 수 있는 방법이다.

(2) 충격강도 미흡

SLA용 재료는 액체상태의 재료를 가교결합에 의한 고체화시키는 것으로, 일반적으로 가교시간이 짧아 경화 후 brittle해지는 경향이 있다. 최근 충격강도를 높인 SLA용 재료가 개발되어 있으며 충격흡수용 고분자 재료를 분산시키거나 가교도 및 분자량을 변화시키는 것으로 추정되고 있다. Polyjet의 'Digital ABS'라는 재료가 충격강도가 개선된 제품으로 상업화되어 있으나 70만 원/kg 이상의 고가이며 나사 등을 삽입하기에는 충분한 충격강도를 갖지 못한 것으로 평가되고 있다.

(3) 층간 구조차 발생 및 수축 발생

SLA에 의해 제조된 적층물의 층간 구조 차이가 나타나기도 하는데 이것은 광원의 조사방법에 의한 것으로 추정이 된다. 또한 UV가 조사된 광경화성 재료는 광원이 제거되도 경화가 일어나 분자량이 커지는 현상이 발생하는 것으로 알려져 있다. UV경화성 재료는 광 조사 후 1주일이 지나도록 수축이 일어나며, Polyjet의 경우 광조사 후 6개월까지도 미세하게 수축이 일어나는 것으로 알려져 있다.

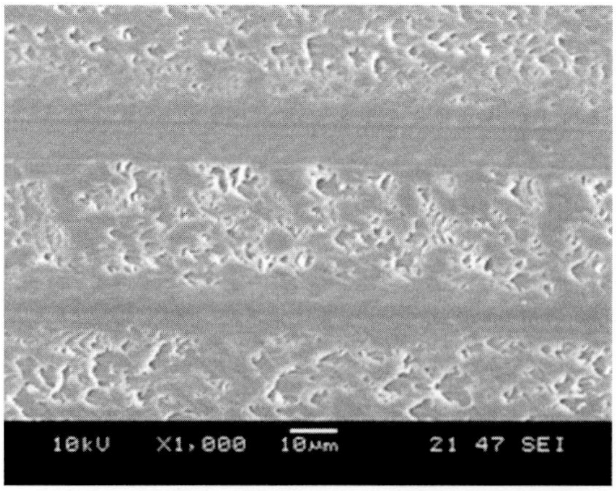

그림 7.18 SLA 방식의 적층물로 층간 구조의 차이가 발생한 것을 확인할 수 있다.

이러한 수축은 광원의 세기와도 관련이 있어 광원의 세기가 클수록 수축이 많이 일어나는 것으로 보고되고 있다. **그림 7.19**는 광원의 세기에 따라 적층 높이에 따라 수축양이 변하는 것에 대한 보고 자료이다.[12]

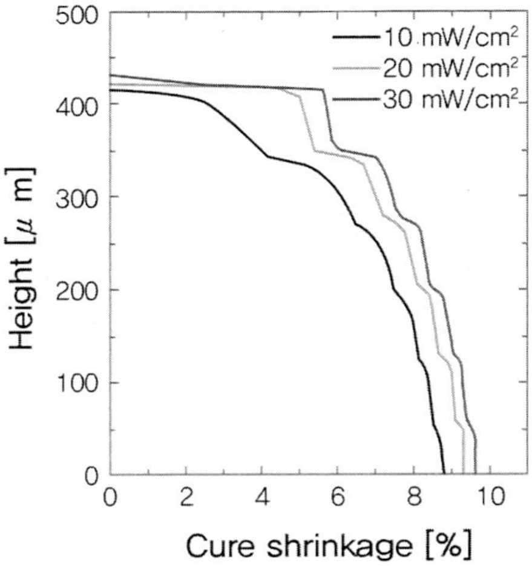

그림 7.19 UV의 세기가 적층물의 수축에 미치는 영향

(4) 주변 분위기

광경화성 재료는 이중결합으로 이루어져 이 부분이 경화시 반응에 참여하게 되는데 주변에 산소가 있을 경우 산소가 재료의 이중결합과 반응하여 가교결합을 방해하는 경우가 발생할 수 있다. 이때 끈적거림 현상이 표면에 남을 수 있으며 이의 제거를 위해 재료의 변경 외에 주변을 질소 분위기로 바꾸어 개선할 수도 있다.

(5) 열변형 온도

SLA 형식의 적층구조물이 열변형 온도가 다소 낮은 것으로 알려져 있어 적층구조물의 사용온도를 확인하는 것이 중요하다. Polyjet의 경우 80℃까지는 치수안정성이 있는 것으로 알려져 있다.

7.4 결론

플라스틱 소재의 중요 특성은 입자 크기와 분포, 입자형상, 분자량, 융점, 재결정온도, 용해 시 점성, 레이저에 대한 반응성, 휘발성, 잔존 단량체와 휘발물질 함유 문제, 장시간 고온에서 분자적 변화 양상(열안정성) 등이다. 이와 같은 플라스틱 소재의 특성은 소재를 부적합하게 할 수 있어 플라스틱 소재의 중요 물성을 조절하기 어렵다. FDM과 SLS의 경우에 플라스틱의 융점 부근의 온도에서 장시간 체류하므로 플라스틱의 열안정성이 매우 중요하다. 이로 인하여 3D 프린터에 사용이 가능한 플라스틱 소재는 제한적이다.

한편 SLS용 고분자 소재인 열가소성수지인 경우에는 전형적으로 crystalline melting point를 보여야 하므로 프린팅 조업온도(T)는 결정화 온도(Tc)보다는 높고 융점(Tm)보다는 낮아야 한다(Tc(Crystallization temp) < T < Tm(Melting point)). 3D 프린팅 과정에서 변형(deformation 또는 curling) 현상의 방지를 위하여 (Tm-Tc) 차이가 가능한 한 큰 분말을 사용하는 것이 바람직하다. 레이저 조사 직후 프린터 내의 분말의 온도가 Tc 이상인데, 새로운 차가운 분말층의 도입으로 인하여 이미 형성된 인쇄물의 온도가 급격하게 Tc 이하로 떨어져 변형을 유도한다. (Tm-Tc) 차이가 클수록 고체화하는 과정에서 수축률이 적어진다.

그러므로 SLS용 고분자 소재인 열가소성수지는 용융엔탈피(enthalpy of fusion: ΔHf)가 가능한 한 클수록 좋다. 용융엔탈피가 클수록 제조된 제품의 기하학적 형태가 양호한데, 용융엔탈피가 작은 경우 레이저로 공급된 에너지가 열전도에 의해서 이미 형성된 벽면 부근에 있는 분말입자들이 케이크화되어 케이크화에 의하여 기하학적 정밀도 저하된다. 이러한 이유로 불소고분자와 공중합체는 레이저와 infra-red(IR) sintering 소재로 적합하다. 불소고분자와 공중합체는 내열성, 내후성, 발수성, 방오성, 내인화성, 내화학성, 압전성 등이 우수하여 이와 같은 성능을 요구하는 용도에 적합하다. SLS 레이저 신터링에 이용되는 불소고분자 또는 불소고분자 공중합체/아크릴 또는 메타크릴 고분자 블랜드도 포함한다. 바람직한 PVDF 공중합체는 적합한 양의 결정성(crystallinity)를 가지고 있어 확실한 융점을 보여야 한다. 그렇지만 3D 프린팅 인쇄 제품의 brittleness를 줄이기 위해 약간의 비결정성(non-crystallinity)도 가져야 한다.

SLA 방식인 경우에는 광경화 물질이어야 한다는 제한점이 있다. 광경화에는 UV 경화와 레이저 경화 2가지 방식으로 사용하고 있는데 이의 파장에 맞는 경화 소재가 필요하다.

참고문헌

1. C. Barries et. el., Polymer Processing Society PPS-30 (2014)
2. Manfred Schmid, et. el., Polymer Processing Society PPS-30 (2014)
3. Jochen Schmit, et. el., Polymer Processing Society PPS-30 (2014)
4. 배성우 외, 한국생산제조 시스템학회지, Vol. 21, 516 (2012)
5. Pfister Andreas, et. el., Polymer Processing Society PPS-30 (2014)
6. Manfred Schmid, et. el., Polymer Processing Society PPS-30 (2014)
7. 김정철 외, 3D 프린터용 고분자 재료 연구회 보고 (2014)
8. https://idarts.co.jp/3dp/3d-ptinting-2017/

CHAPTER 08

향후 3D 프린팅용 고분자 소재

8.1 향후 소재 개발 방향

3D 프린팅 기술은 시제품 제작에서 최종 부품생산에 이르기까지 폭넓게 활용되어 제조업의 혁명적 변화를 일으킬 것으로 기대되지만 이를 위해서는 반드시 소재가 다양해져야 한다. 이러한 이유로 세계 1위, 2위의 3D 프린터 제조사인 Stratasys사와 3D Systems사는 소재 연구개발에 엄청난 투자를 하고 있다. 현재 사용하고 있는 주요 고분자 소재는 PLA, ABS, Nylon, Urethane, PLA/ABS Alloy, PC, PEI 그리고, UV Resin과 Photopolymer 등이다.

현재 가장 많이 사용되고 있는 FDM 방식의 고분자 소재인 ABS는 냄새 문제가 있고, PLA는 부서지기 쉽고 습기에 약한 문제가 있다. 'PET+' 소재는 ABS와 PLA 두 소재의 장점만을 가진 새로운 소재로서 유연성이 우수하고, 수축과 변형이 없으며 재활용이 가능하여 차세대 소재로 사용 중이다. 이외에도 'MS레진'이 출시되었는데, 'MS레진'은 SLA 프린터용 소재로서 'PET+'의 경우와 마찬가지로 현재 사용되고 있는 소재의 단점을 없앤 특수 레진으로서 선명한 색상이 가능하고 점성이 낮아 세척이 용이한 장점을 가지고 있다. Stratasys사는 2013년 말 고강도 재료인 '디지털ABS2'를 출시하여 계속하여 고강도 고분자 소재는 개발하고 있다. 이는 폴리젯(Polyjet) 방식의 3D 프린터용 소재로서 높은 치수안정성을 부여하며 얇은 벽(Thin-walled) 구조의 모형 제작에 이상적인 소재이다. 강도를 개선하기 위하여 불소계 수지, 유리섬유, 탄소섬유, 그라핀 등을 함침한 소재의 개발이 진행되고 있다. 예를 들면, Carbon Nanotube 또는 Carbon Fiber Reinforced Polymer, Glass Fiber Reinforced Polymer, Triboplastic (Self

Lubricating), Graphene Alloy Polymer, UV Resin/Fiber reinforced 등을 들 수 있다. 또한 투명한 소재의 개발은 향후 개발이 진행되어야 할 소재이다.

표 8.1 3D 프린팅 소재 개발 동향[1]

기업	소재 개발 동향
LomikoMetals & American Graphite's Ventures	Graphene 소재
Lawrence Livermore	항공, 자동차와 우주선용 초경량, 초경도, 고강도 소재
Windform	카본섬유, 유리강화 Polyamide 소재
DSM	365nm 포함 높은 파장대에서 사용 가능한 Photo-Polymer 소재, 항공과 자동차산업의 열안정성과 정밀성, 신속성 작업에 적합
EOS	Titanium Ti63ELI와 Stainless Steel 316L 소재
ExOne	청동 함유 316 Stainless steel, 청동 함유 420 stainless steel, 동 함유 철과 접합된 텅스텐 소재
Madesolid	레진 출시, 점성이 작아 프린터, 잉크통의 세척 용이
Metalysis	자동차 부품용 저렴한 Titanium 분말
Texas Tech	플라스틱과 카본나노튜브 복합소재

8.2 3D 프린팅용 soft 고분자 재료

8.2.1 soft 고분자 재료

보통 soft 고분자 재료라 함은 경도값이 낮은 재료를 의미하는데 고분자에서는 탄성체 즉 고무가 이에 속한다. 탄성체는 고무나무라는 천연소재로부터 얻을 수 있지만 산업의 발달로 인한 소비의 증가로 석유로부터 유래하는 합성고무에 의존하게 되었다. 탄성체(elastomer)는 독특한 특성(탄력성, 밀봉성, 충격흡수성) 때문에 그 기능을 대신할 어떠한 재료로도 대체할 수 없는 첨단산업 제품의 중요한 기능을 발현하는 부품의 필수 소재로서 중요성을 지니고 있다. 3D 프린팅에서의 soft 고분자 재료가 필요한 이유는 유연성이 우수하여 구부릴 수 있는 조형품의 제작이 가능하고 우수한 충격흡수성 때문에 부서지기 쉬운 3D 프린팅 제품을 보완하며 touch감이 좋아 활용 분야가 매우 넓다는 점을 꼽을 수 있다.

8.2.2 3D 프린팅 방식에 따른 soft 소재

(1) FDM(Fused Deposition Modeling)

탄성체는 일반적으로 열경화성의 특징을 가지기 때문에 FDM 방식으로는 프린팅이 힘드나 필라멘트 형상으로 압출기에서 제조한 후 프린팅하는 방법으로 재료로는 열가소성고무를 꼽을 수 있다.

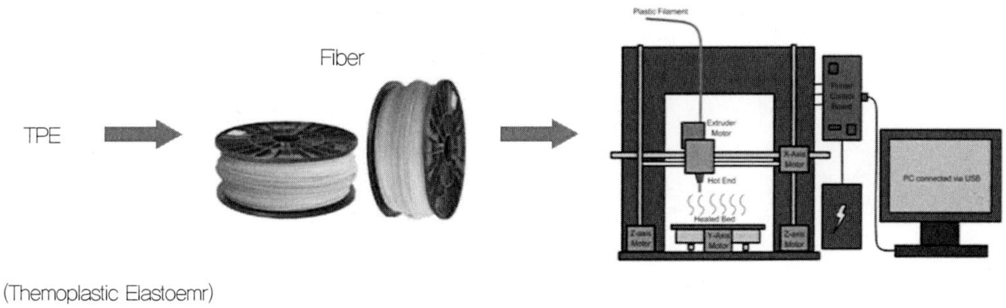

그림 8.1 탄성소재를 이용한 FDM 방법

(2) SLS(Selective Laser Sintering)

분말화 하여 분말과 접착제를 이용 3D 프린팅하는 방법으로 사용 가능한 재료로는 열가소성 폴리우레탄(TPU), SEBS(Styrene-butylene/ethylene-styrene) 고무를 예로 들 수 있다. 이 작업을 하기 위해서는 분말화 작업과 분말을 접착시키는 접착제 개발이 필요하다. 탄성체의 분말화 공정 시 발생되는 열로 인하여 쉽지 않지만 최근 분쇄공정의 개발로 이러한 문제점을 해결하는 냉동분쇄 기술 개발로 ㎛ 단위까지 분말화가 된다.

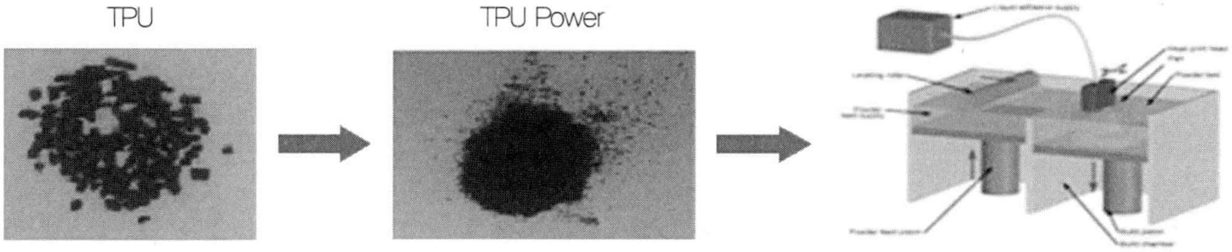

그림 8.2 탄성소재를 이용한 SLS 프린팅 방식

그림 8.3 탄성소재 분말화 공정(냉동분쇄)

또 다른 분말화 방법으로 고분자 라텍스(Latex)에 CNT를 섞어 응집제를 이용하여 응집시켜 분말을 형성하는 방법을 **그림 8.4**에 나타내었다.

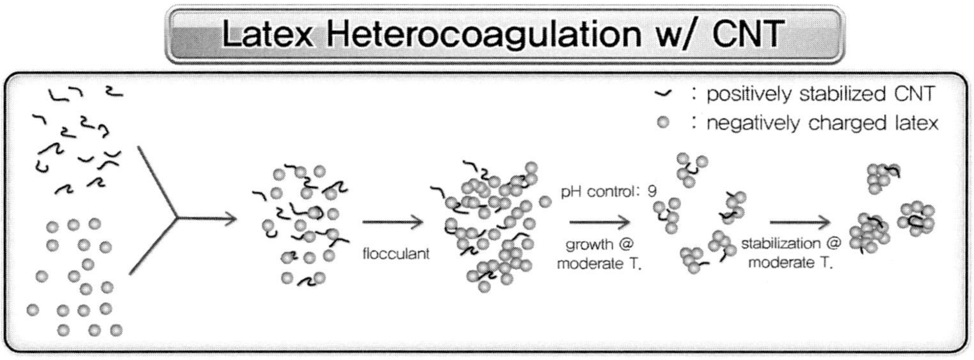

그림 8.4 CNT/Polymer 분말 제조 방법[2]

미래 소재로 주목을 받는 그라펜을 이용한 분말 제조도 가능하여 개발 중이다. (**그림 8.5**)

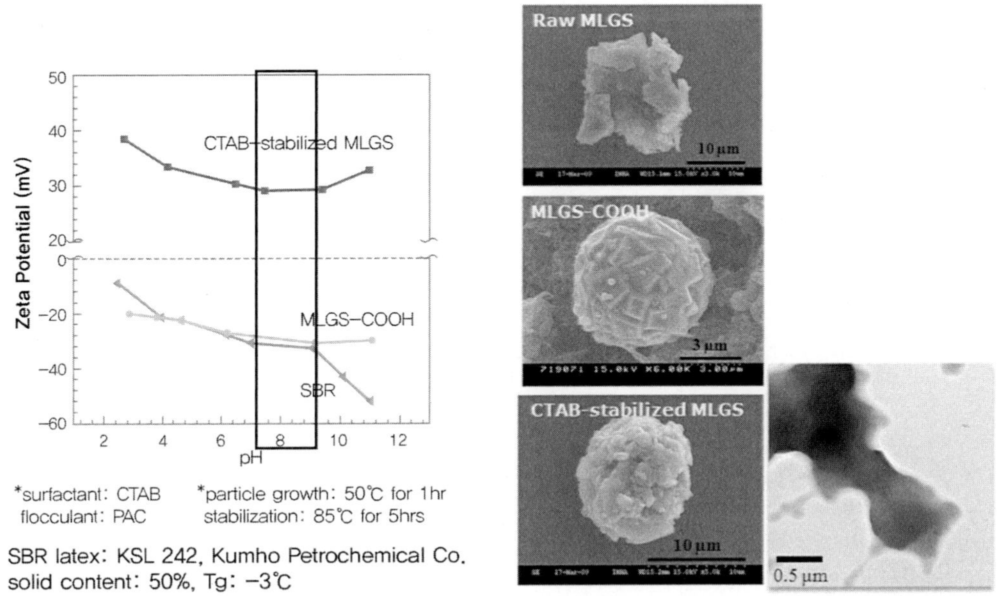

그림 8.5 Graphene/SBR 분말

(3) SLA(Stereo Lithography Apparatus)

SLA 방식은 액체를 이용하는 방법으로서 UV나 전자선을 이용하여 가교시키는 법이다. 사용가능한 탄성재료로는 실리콘고무와 우레탄고무가 있다. 재료에는 올리고머(oligomer)와 모노머(monomer)와 광 개시제(photo initiator)가 있다. 이 방법은 강도에서 약점을 나타내는데 이러한 약점을 해결하기 위해서는 프린팅에 적합한 고분자 점도(100-1,000cp)와 조사시간이 강도와 모형을 나타내는 데 주요한 변수가 된다. 특히 탄성체에서는 가교가 중요한 공정이기 때문에 후 가교(post cure) 공정으로서 강도를 높일 수 있다. 이점이 탄성체가 SLA 방식에서 장점을 가질 수 있다고 생각된다.

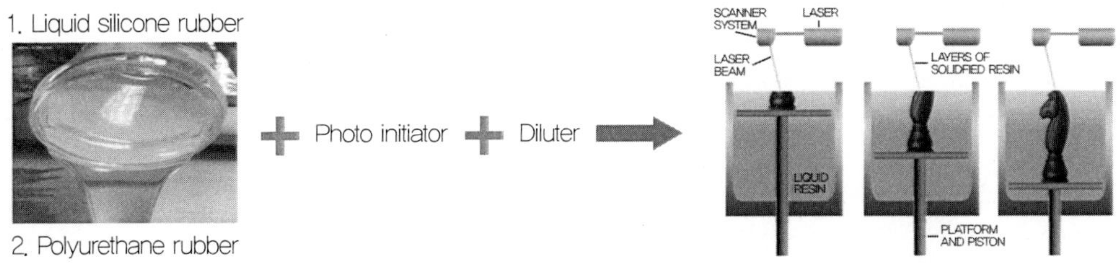

그림 8.6 탄성소재를 이용한 SLA 방법

고무 소재로 이용하는 3D 프린터법은 개발된 것이 거의 없는 실정이며, **표 8.2**에 SLA 방식에 사용되는 UV 가교 탄성체 재료를 특허와 문헌에서 찾아 정리하였다.

표 8.2 탄성소재 SLA 방식의 특허 및 논문

<table>
<tr><th></th><th>제목</th><th>참고문헌 / 작성자</th><th colspan="3">재료</th></tr>
<tr><td rowspan="5">특허</td><td>Fabrication of a soft-silicone cover for a hearing instrument shell</td><td>M. W. Shoreview, European patent, 2083583A1 (2008).</td><td colspan="3">Silicone (for soft outer covering)
- Injecting into the mold and filing the area
- Once the material has cured, softer outer covering are removed from the mold</td></tr>
<tr><td>Three-dimensional fabricating material systems for producing dental products</td><td>B. J. Sun, C. R. Kennedy, V. Sundar, and A. M. Lichkus, US patent, 1031908A1 (2014).</td><td colspan="3">Core-Shell ruber (novel rubber)
core: Silicone
shell: PMMA acrylic</td></tr>
<tr><td>Fabricating multi-component skin systems for robotics and other applications</td><td>/ (Bryan S. Tye, Canyon Country CA(US); Philip John Jackson, Glendale, CA(US))</td><td colspan="3">Polyurethane
Silicone</td></tr>
<tr><td rowspan="2">Stereolitho-graphy resin and methods</td><td rowspan="2">/ Alma L. Coats, Delray Beach, FL (US); James P. Harrison, Pembroke Pines, FL (US); James Scott Hay, Parkland, FL (US); Manuel Jacinto Ramos, Hollywood, FL(US)</td><td colspan="3">Rubber resins
(Shore D hardness range: 10-20)
Rubber resins emulate
the properties of elastomers</td></tr>
<tr><td>Soft

Property of polybutadiene Polyisoprene -urethane acrylate oligomer, acrylate monomer</td><td>Mid

Property of silicone rubbers siliconized urethane acrylate oligomer</td><td>Hard

Property of nitrile-buta diene rubber (NBR) Styrene-but adiene rubber (SBR) aromatic urethane acrylate oligomer</td></tr>
<tr><td rowspan="2">논문</td><td>Rapid prototyping fabricated by UV resin spray nozzles</td><td>C.C. Chang, Rapid Prototyping Journal 10 (2004) 136.</td><td colspan="3">Polyurethane Resin
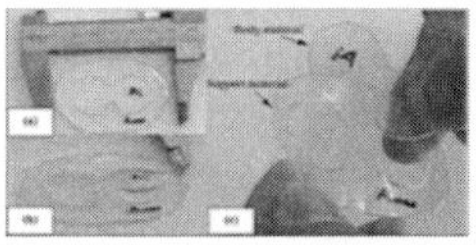</td></tr>
<tr><td>Fully integrated micro biochemical laboratory using biochemical IC chips</td><td>K. Ikuta, A. Takahashi, K. Ikeda, and S. Maruo, IEEE (2003) 19.</td><td colspan="3">Silicone rubber (UV polymeric structure)</td></tr>
</table>

또한 바이오 소재와 접목하기 위한 아크릴 기능기가 있는 실리콘 고무 개발이 연구되고 있다.

(4) LOM(Laminated Object Manufacturing)

LOM 방식은 종이의 3D 프린팅 기술로 개발한 방법으로 열가소성고무인 경우에는 압출을 통하여 필름형태로 제조한 후 프린터기를 통하여 고무접착제를 사용하여 프린팅한다. 열가소성고무인 경우 탄성체를 혼합기에서 컴파운딩한 후 Two-roll Mill과 캘린더를 사용하여 판상(SHEET)를 제조하여 고무접착제를 사용하여 붙인 후 열가교를 통하여 후처리 공정을 거치게 된다. 고무공정은 가교공정을 거치면서 물성과 기능을 발현하기 때문에 기존의 종이에서의 단점인 접착성 및 물성이 나쁜 단점을 보완할 수 있다. 사용되는 재료로는 모든 고무재료(열가소성고무 및 열경화성고무)가 다 가능하다.

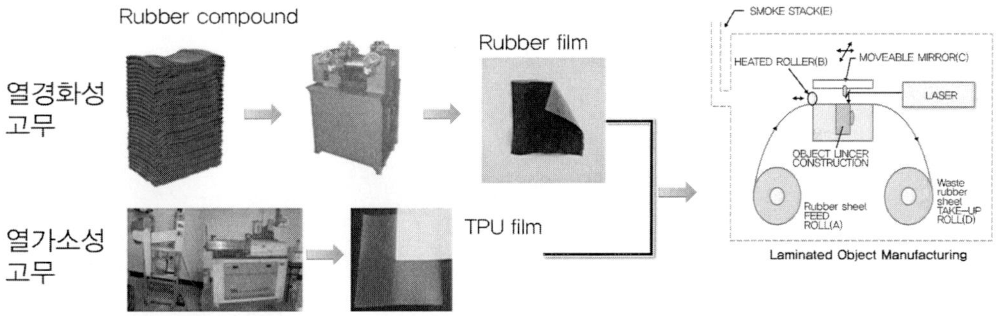

그림 8.7 탄성소재 LOM

8.2.3 Soft 재료와 탄성재료의 활용분야

soft한 소재에 대한 활용을 매우 원하였으나 3D 프린팅의 초점이 플라스틱과 금속, 세라믹에 맞추어 개발하였기 때문에 탄성체에 대한 제품은 거의 나오지 않고 홍보용으로 나이키사에서 신발 아웃솔(OUTSOLE), RUBBER MAID사의 GASKET, SEAL이 나와 있는 정도이다.

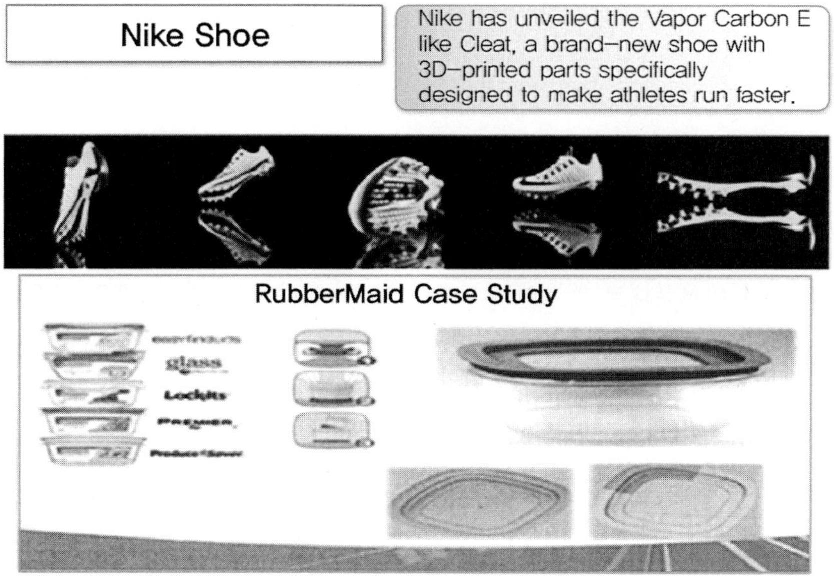

그림 8.8 3D 프린팅 탄성소재 활용 사례[3]

장차 로봇산업 분야에도 인조피부 및 인공근육 등으로 활용될 것으로 기대된다.

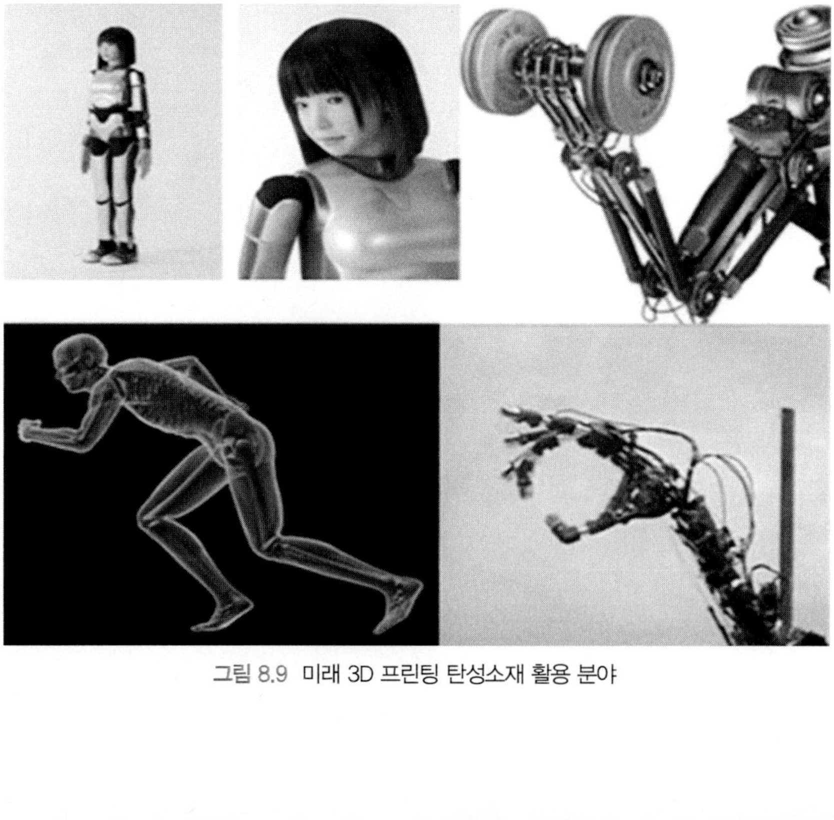

그림 8.9 미래 3D 프린팅 탄성소재 활용 분야

특히 소프트한 소재의 3D 프린팅 기술은 인공뼈 · 인공장기 · 기타 조직 등 인체에 맞는 다품종 소량생산이 필요한 바이오 · 의료 분야 등에서 새로운 패러다임을 제시할 것으로 기대된다.

8.2.4 향후 탄성소재 개발 방향

(1) FDM(Fused Deposition Modeling) 소재

FDM 방식의 TPE(Thermo Plastic Elastomer), TPU(Thermo Plastic Polyurethane) 소재의 충진제(Fiber) 실리카, 카본 블랙, CNT, filler 등을 첨가하여 고강도(rein forced) 소재가 개발되고 있다. Layer up 방식으로 인한 Layer 계면 간 접착 및 경도 문제해결을 위한 컴파운드를 개발과 또한 노즐에서 압출 시 Die swell 문제와 적층 시 퍼짐현상 문제해결을 위한 컴파운드를 개발이 요구된다.

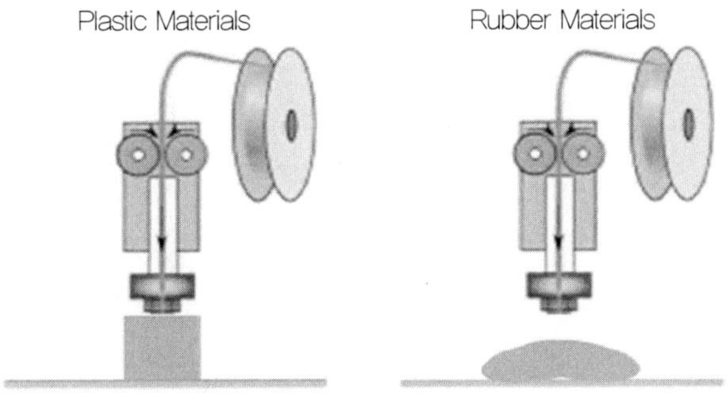

문제점: Rubber의 경우 Die Swell 현상 발생과 적층 시 퍼짐 현상 발생
해결 방안: 적정 컴파운드 개발

그림 8.10 FDM 방식의 Rubber 재료 문제점

(2) SLA(Stereo Lithography Apparatus) 소재

UV 가교용 액상 실리콘 컴파운드 개발, UV 경화 PU(polyurethane) 개발이 필요하다.

최근 경상대학교 김연구팀은 인조피부용 실리콘고무에 아크릴기 및 에폭시기를 그라프팅시켜 UV경화될 수 있는 3D 프린팅용 실리콘을 개발하고 있다.

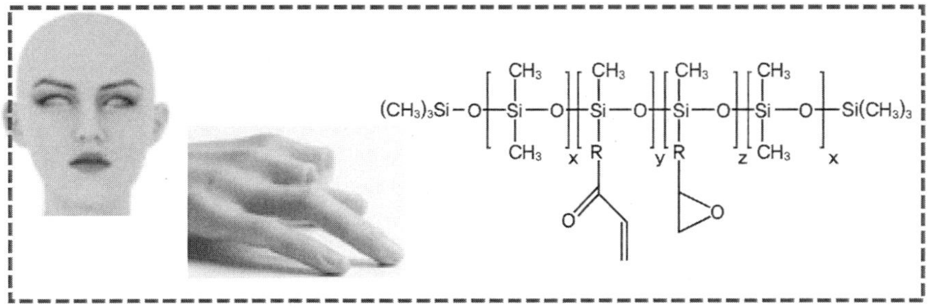

그림 8.11 SLA용 UV 경화용 재질 실리콘 수지[4]

(3) SLS(Selective Laser Sintering)

SLS(Selective Laser Sintering) 방식에 분말화 기술 개발 및 적용 분말재료의 경화 공정에 따른 정밀도 개선을 위해 분말의 접착제 개발 필요하다. EPDM, TPU에 카본블랙, 필러 등 화학약품을 섞어 계면 간의 접착성과 강도의 높임이 요구된다.

EPDM powder TPU powder

그림 8.12 EPDM, TPU powder Soft 재료와 탄성재료의 활용 분야

FDM 및 SLA 방식의 3D 프린팅은 완성품이 충격에 쉽게 부서지는 단점이 있어 내구성이 강한 SLS 방식의 사용을 생각할 수 있다. TPU(Thermoplastic Polyurethane)은 기존의 3D 프린팅으로 제조되는 brittle한 제품과는 다르게 tough하고 터치감이 좋은 Soft한 탄성소재로서 적합하다고 할 수 있다. 탄성소재에 강도를 높이기 위하여 카본블랙, 실리카, CNT, 그리핀 등을 혼합하여 고강도 탄성소재를 개발할 필요가 있다.

8.3 불소계 고분자 재료

대표적인 불소계 고분자인 polytetrafluoroethylene(PTFE)는 우수한 내열성과 내화학성을 가지고 있기 때문에 각종 장비의 부품등의 소재로 활용되고 있다. 그러나 공중합체가 아닌 경우 일반적인 용융공정에 의한 가공이 불가능하고 PTFE 입자를 세라믹 성형과 유사한 방법으로 소결하여 제품을 생산하고 있다.(**그림 8.13**) 이러한 PTFE의 단점을 보완하기 위해 여러 종류의 공중합체가 개발되어 용융 가공이 가능하지만 이에 따라 일부 물성의 저하를 피할 수 없다. PTFE 분말의 소결 가공을 위해서는 높은 압력과 온도가 요구되며 이에 따라 가공 장비의 규모가 매우 크다. PTFE와 같이 용융 공정이 불가능한 고분자 소재의 가공에 SLS 방식의 3D 프린팅 기술이 대안이 될 수 있을 것으로 보인다.

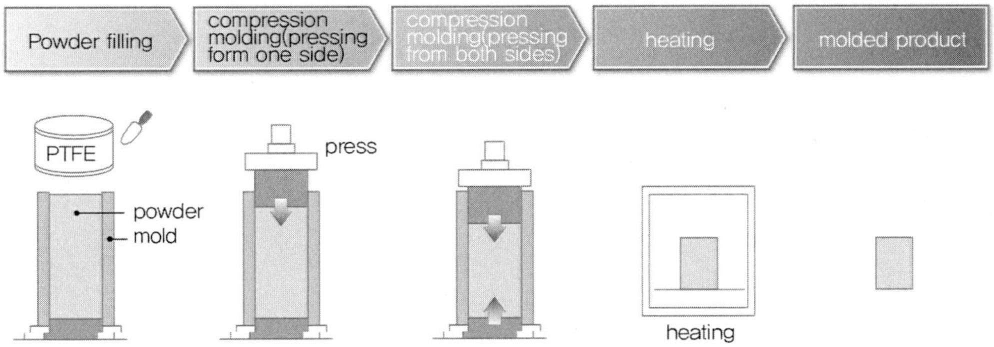

그림 8.13 PTFE 압축성형 과정[1]

불소고분자과 공중합체는 Laser와 Infra-red(IR) sintering 소재로 사용이 가능하다. SLS 레이저 신터링에 이용되는 불소고분자 또는 불소고분자 공중합체/아크릴 또는 메타크릴 고분자 Blend에도 포함된다. Polyvinylidenefluoride(PVDF)와 Polychlorotri-fluoroethylene(PCTFE)와 이들의 공중합체가 3D 프린팅 SLS 소재로 적합하며 보다 바람직한 PVDF 공중합체는 적합한 양의 결정화도(Crystallinity)를 가지고 있어 확실한 융점을 보여야 하여, 3D 프린팅 인쇄 제품의 Brittleness를 줄이기 위해 약간의 비결정성(non-crystallinity)도 필요하다.

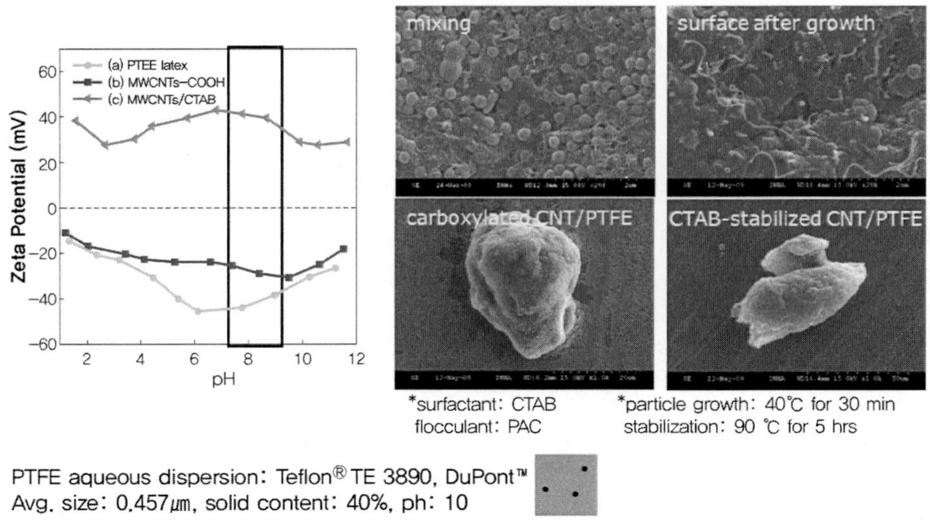

그림 8.14 CNT/PTFE

8.4 탄소 재료

8.4.1 탄소섬유(CNT)

Markforged社의 'Mark One'은 절단하지 않은 탄소섬유를 사용한 세계 최초의 탄소섬유 프린터로 CES(Consumer Electronic Show 2015)에서 많은 주목을 받았다. Dual Quick 헤드 시스템으로 FDM(Fused Deposition Modeling) 방식의 헤드 둘을 결합한 형태이다. 하나의 헤드는 나일론 등의 열가소성수지만을 사용하고 ABS, PLA 수지는 지원하지 않으며, 나일론 필라멘트를 이용한 FDM 방식으로 프린팅한다. 다른 하나의 헤드는 탄소섬유를 나일론으로 코팅한 이른바, CFF(Composire Filament Fabrication)을 소재로 하는 변형된 구조의 FDM 헤드이다. 이 헤드에는 Carbon fiber, Fiberglass, Kevlar, Nylon 소재를 사용할 수 있다.

탄소섬유를 코팅한 나일론 수지는 FDM 헤드에서 나오는 수지와 결합이 되는 수지를 택하였으며, 탄소섬유와의 결합력도 좋은 수지를 택하였다. 즉 양쪽 헤드에서 프린트되는 소재 사이의 이형성 문제가 없도록 수지를 최적화하였다는 뜻이다. 이러한 결합력이 좋은 나일론수지의 적절한 제조와 선정이 이 장비의 핵심으로 보인다. 더욱 개선된 'Mark Two'의 출현으로(**그림 8.15**) 나일론층과 탄소섬유층을 교대로 프린팅해서 적층할 수 있다. 탄소섬유 프린터에서 탄소섬유가 벌집 모양으로 적층하여 중량과 가격을 감소시킬 수 있다. 향후 카본 복합소재도 내구성 면에서 상당히 주목을 받고 있다.

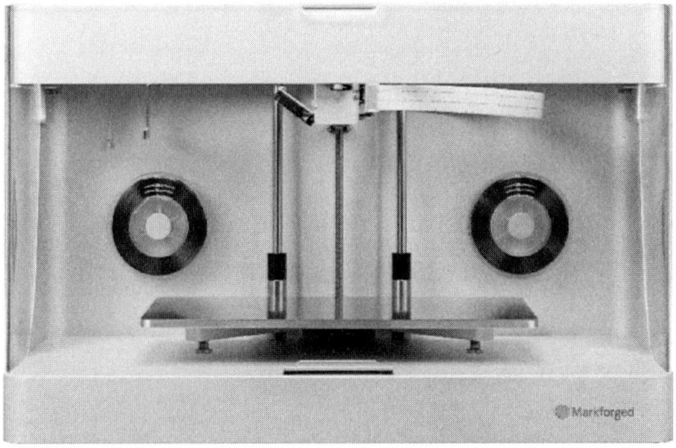

그림 8.15 Markforged사의 'Mark Two'[5]

8.4.2 그래핀 소재

현재 가장 관심을 갖는 미래형 소재는 그래핀의 활용이다. 그래핀은 물성부터 유연성이 있는 전자제품이나 투명전도 필름 등 지금까지 불가능한 상품이 가능할 수 있다는 기대를 모으고 있다. 특히 나노미터 수준의 미시적 구조물을 제작할 수 있고, 인쇄전자기술을 통해 다양한 전자기기를 바로 제작할 수 있다는 점이 크게 주목을 받고 있다. 대표적으로 미국 로렌스 리버모 국립 연구소는 '산화 그래핀 잉크'를 이용해 고도로 압축할 수 있는 다공성 에어로젤을 만들어 냈다. 노스웨스턴 대학에서는 생체에 적합한 유연한 폴리머 안에 그래핀 박편을 포함한 잉크를 이용해 조직 지지체를 만들었다. MIT 연구실에서 그래핀을 사용해 3차원 물체를 인쇄하는 데 성공했다. 이러한 연구결과로 비행기나 자동차, 건축물에서 사용할 수 있는 가벼우면서 강도가 우수한 제품을 만들 수 있다. 또한 삼투성 디자인을 이용하면 여과장치에도 사용할 수 있다.

그림 8.16 MIT에서 그래핀을 이용해 3차원 객체 인쇄한 모습[2]

국내에서도 한국전기연구원에서 3차원 그래핀 나노프린팅 기술을 개발했다. 호주의 그래파이트와 니켈 광산회사인 키바란도 3D그룹과 함께 3D 그래프테크라는 회사를 만들어 영국의 맨체스터 대학 등과 협력해 그래핀을 이용한 프린팅 기술을 개발 중이다. 이 분야의 가장 대표적 기업 중 하나인 미국의 그래포이드 테크놀로지는 그래핀 재료의 상업화를 위해 5천만 불을 투자하고 있다. 그래핀 소재가 주로 주목받고 있는 분야는 투명 전도성 필름, 축전, 발전, 트랜지스터 집적회로에 응용되는 것이며, 터치판넬, LED, 태양전지, LCD 등에 이용하기 위한 연구가 진행되고 있다.

최근 김진국 연구실에서는 바이오센서에 응용한 결과를 보고하였다.[8]

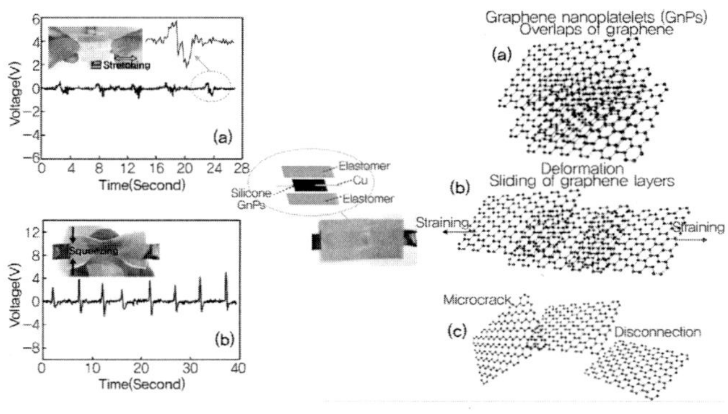

그림 8.17 3D printing biosensor[8]

8.5 바이오 소재

8.5.1 주요 특징

2000년을 전후로 FDM 기술에 열가소성 생체적합 고분자를 적용하여 인공지지체를 제작함으로써 3D 프린팅의 바이오 조형기술 활용이 시작되었다. 향후 뼈나 골반 관절을 대체하며 인공장기 제작으로 발달할 전망이다. 3D 프린팅 기술은 특정 환자의 요구에 따라 소량이거나 뚜렷한 부품을 필요에 따라 제작할 수 있기 때문에 조직공학과 생물의학 장치에 상당한 이점을 제공한다는 점에서 매우 매력적이지만 3D 프린팅 바이오 소재의 다양성과 다양성 부족으로 어려움이 있다. 일반적으로 3D 프린팅 의료용 소재는 다음과 같은 성능을 만족시켜야 한다.

- 프린트할 수 있어야 한다.
- 적절한 기계적 특성이 있어야 한다.
- 생체 조직이나 기관과 잘 교합할 수 있어야 한다.
- 조직 생체 모방이 우수하여야 한다.
- 안전한 분해 부산물 생성이 있어야 한다.

(1) 금속재료

의약품용으로 3D 프린팅 된 금속 및 그들의 합금은 세 가지 주요 그룹으로 분류될 수 있다.

① 일반 금속 및 해당 합금

기존의 금속 생체재료는 바람직하지 않은 국지적 또는 체계적 영향을 유도하지 않도록 설계되었기 때문에 생체분자로 분류된다. 티타늄 및 그 합금, 스테인리스 강 및 코발트에 기초한 기타 합금은 생체 적합성과 기계적 강도가 우수하며 부식에 대한 내성이 뛰어나다.

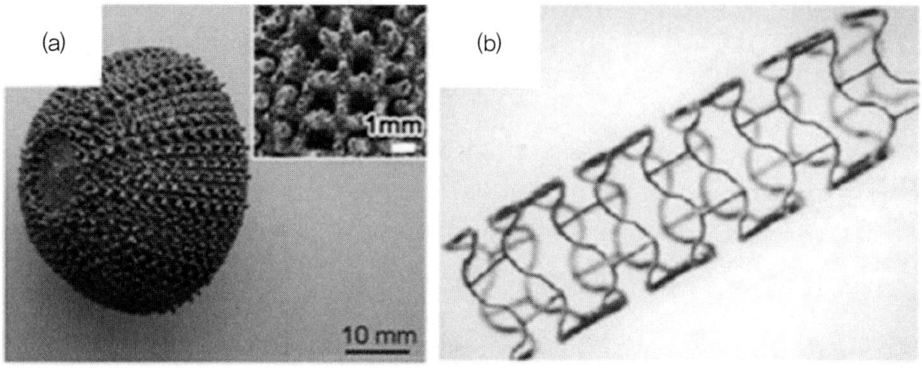

그림 8.18 3D 프린팅으로 제작된 뼈 골격 및 스텐트
(a) Ti-24Nb-4Zr-8Sn alloy acetabular cup; (b) biodegradable Mg stent after expansion.

② 형상 기억 합금

형상 기억 합금(SMA)은 영향을 받은 후 원래 형상으로 복구할 수 있는 능력을 갖는 동시에 큰 의사결정 변형을 겪는 물질이다. 온도, 응력 또는 변형하며 모든 형상의 메모리 합금 용도의 90% 이상이 'Ni-4F' 합성에 기초한다.

③ 생체 분해 금속

생체 분해 가능한 금속은 그 기능이 수행되는 동안 또는 수행된 후에 신체에서 분해되도록 설계된 금속이다. 구성은 마그네슘과 철을 기반으로 한다.

(2) 무기재료

생체역학은 생물의 구조와 운동역학으로 탐구하고 그 결과를 응용하는 것을 목적으로 하는 학문이다. 향후 3D 프린팅 기술을 생체역학에 접목하고자 소재를 개발 중인데 이 중에서 합성 수산화기는 인간 뼈와 가장 유사한 화학구조를 가지고 있으므로 뼈 대체물로 사용을 해왔다. 나트륨과 칼슘을 함유한 인산염 물질은 생체조직에 강하게 결합되고 새로운 세포와 조직 성장을 위한 표면에 사용된다. **그림 8.19**에 3D 프린터를 이용하여 뼈를 이식하기 위해 정교하게 설계된 맞춤형 임시 설치물을 프린팅한 것을 나타내었다.

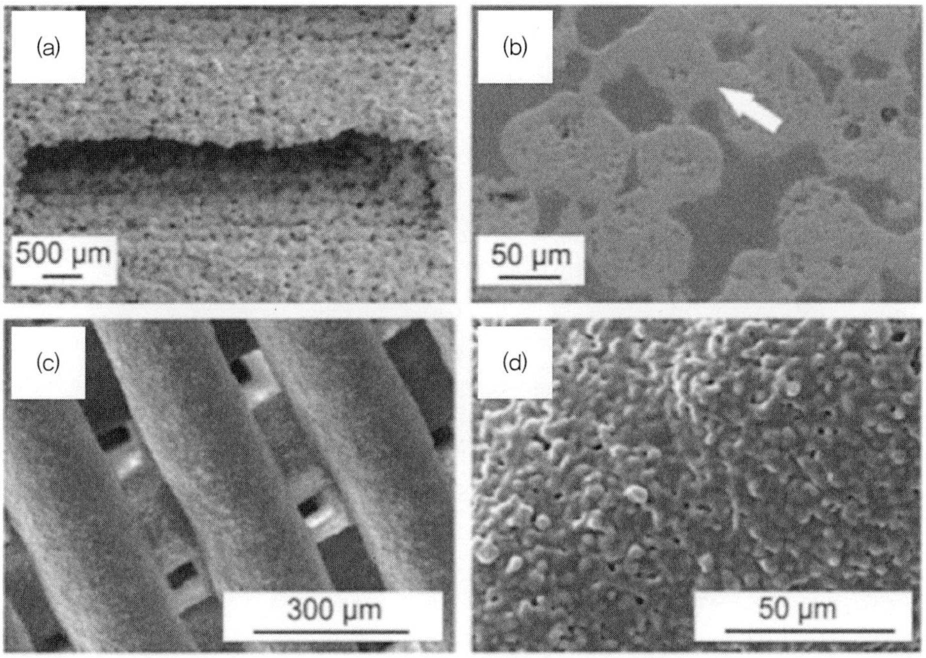

그림 8.19 수산화인 임시 생체시설물 3D 프린팅 전자주사현미경 사진
(a)(b)는 분말소재 이용 3D 프린팅 (c)(d) ink 프린팅

(3) 고분자 재료

Scaffold는 일종의 인공조직 이식재, 지지체라는 의미와 같이 손상된 체내의 일부 공간을 기계적으로 지지해주는 역할을 하는 생체재료 구조물이다. 이는 의치, 의안, 의족 등의 인공 생체 기관 혹은 보철(Prosthesis)과는 달리 주로 생분해성 고분자로 제작하여 활용한다. 최근에는 생체기능성을 향상시키기 위하여 실제 조직의 성질과 유사한 하이드로젤을 활용하는 사례가 증가하고 있다. 하이드로젤은 일반 경질 플라스틱과는 달리 구성 고분자 사슬의 단위체 간의 결합력이 약간 느슨하여 유동적이고 물을 흡수한 형태로 3차원 구조를 형성하여 세포가 분해 기능을 할 수 있는 이상적인 환경을 제공한다.

국내 농촌진흥청 연구진이 인체에 부담을 덜어줄 수 있는 누에고치에서 추출한 천연소재를 인체에 부작용 없이 사용할 수 있게 개발하는 데 성공했다.

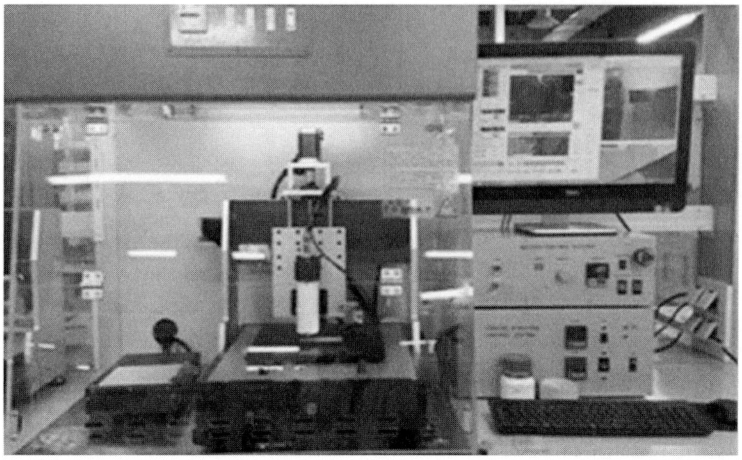

그림 8.20 바이오 3D 실크프린팅[6]

실크단백질 3D 프린팅 소재는 누에고치에서 추출한 단백질 세리신과 피브로인이 25%, 75% 비율로 구성되어 있으며 물성조절이 가능하다는 장점을 가지고 있다. 따라서 강한 물성이 필요한 뼈부터 부드러운 피부조직까지 응용할 수 있다. 실크단백질을 이용하여 의료용에 사용되는 고정판과 나사를 만드는 데 성공하였는데, 기존 합성고분자로 만든 고분자의 경우에는 골절된 뼈가 완치된 후에 고정판을 제거하는 2차 수술이 필요했지만 실크단백질로 만든 고정판의 경우에는 체내에서 생분해가 되기 때문에 2차 수술이 필요 없고, 압축 강도와 굽힘 강도가 우수하여 뼈를 잡아주는 힘이 우수하였다.

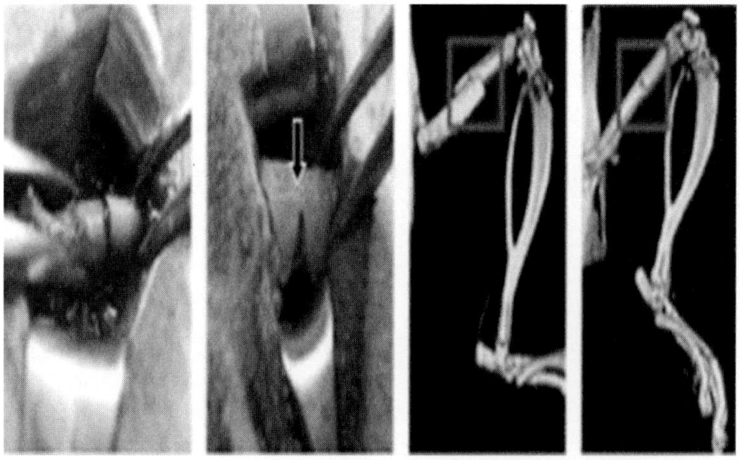

그림 8.21 동물 뼈에 적용된 실크단백질 소재의 고정클립[6]

3D 프린팅 기술이 가장 활발하게 개발되는 것이 인공치아 분야이다. **그림 8.22**는 인공치아를 3D 프린팅한 것을 예로써 나타내었다. 3D 프린팅을 통해 다공성 파이프 구조를 형성하는 데 주로 용해 및 솔루션 압출 기술을 기반으로 한다. 가공 처리된 중합체 재료는 SLS 방식을 통해 외과용 기구 및 임플란트에 적합한 고온 폴리머를 사용할 수 있다. 이외에도 Gelatine 기반의 천연중합체, polyprophylene fumarate 및 Trimethylene 탄산소재가 개발되고 있다.

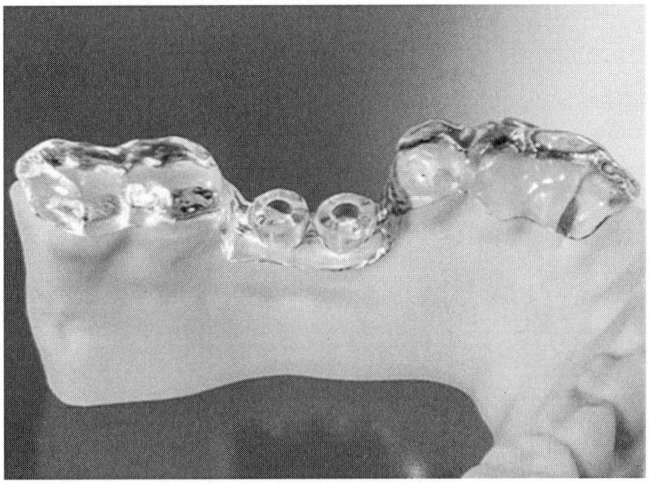

그림 8.22 고분자 소재를 이용한 인공치아

8.5.2 의료의약산업

향후 3D 프린팅의 의료의약산업에의 적용은 프린팅 기술의 발달과 함께 급성장할 것으로 예상된다. 이 분야도 타 분야와 마찬가지로 소재 개발이 급선무이다. 맞춤형 의료보형물 분야에서 실질적으로 상업화된 소재는 아주 제한적이고 대표적인 예로는 티타늄(Ti Grade 2), 티타늄 합금(Ti−6Al−4V), Polyetherketoneketone(PEKK) 등이 있다. 인공 혈관용 소재로는 열에 대해 안정적인 화학구조를 가지고 있고, 소독이 간편하며, 뛰어난 소수성을 가지고 있어서 혈액적합성이 좋은 Polytetrafluoroethylene (PTFE)을 사용하고 있다. 부러지거나 손상된 뼈와 같은 경조직(Hard Tissue)을 대체하고자 할 때는 SLS(Selective Laser Sintering) 방식으로 강도에 맞게 스테인레스 스틸 또는 티타늄을 이용한다. 피부에 적용하기 위해서는 키토산(Chitosan) 또는 콜라겐(Collagen) 등의 소프트 바이오 소재를 SLA(Stereolithography) 방법으로 3D 프린팅할 수 있다. 생분해성 고분자인 PGA(Polyglycolide), PLA(Polylactide co-glycolide) 및 이 둘을 혼합한 PLGA(Polylactic co-glycolic acid) 등이 있다. 특히 PMMA는 소수성으로서 뛰어난 광투과성, 경도 및 광택 때문에 경성 콘택트렌즈, 인공수정체로 사용되고 있다. 키토산은 생체적합성이 뛰어나 뼈세포의 활성을 자극하는 성질을 이용하여 잇몸뼈와 임플란트의 결합력을 높이는 코팅용으로 사용되고 있다, 인산 칼슘계 세라믹 물질인 Hydroxyapatite(HA)는 뼈 생장을 촉진하고 뛰어난 생체 접합성과 골전도성(Osteoconductivity)을 갖기 때문에 뼈 대체 물질로 쓰이기에 적합하다. 비분해성 고분자 재료들이 의료용 바이오 소재로 다양하게 응용될 수 있다.

(1) Bone Cement, 인공수정체, 인공각막에는 폴리메타크릴산 메탈(Polymethyl methacrylate), 인공혈관, 혈관확장술용 풍선(Angioplasty Balloons), 카테타에는 폴리에스테르 탄성중합제(Polyester elastomer)가 응용될 수 있다.

(2) 보철/임플란트 분야에는 비분해성 소재인 금속 혹은 세라믹을 활용할 수 있는데, 이는 주로 기계적인 강도를 요구하는 골이식재로 사용된다.

(3) 카테타, 인공심장, Wound Dressing, 창상보호제로 폴리우레탄 소재(Poly Urethanes)가 사용되며 인공심장판막인 Poppets, 인공가슴, Wound Dressing에는 실리콘계 소재(Silicons)가 바이오 재료들로 이용되고 있다.

(4) 키토산: 키토산을 이용하여 습윤 드레싱 소재로서 이용되고 있다. **그림 8.23**에 3D 프린팅을 사용한 습윤 드레싱을 나타내었다.

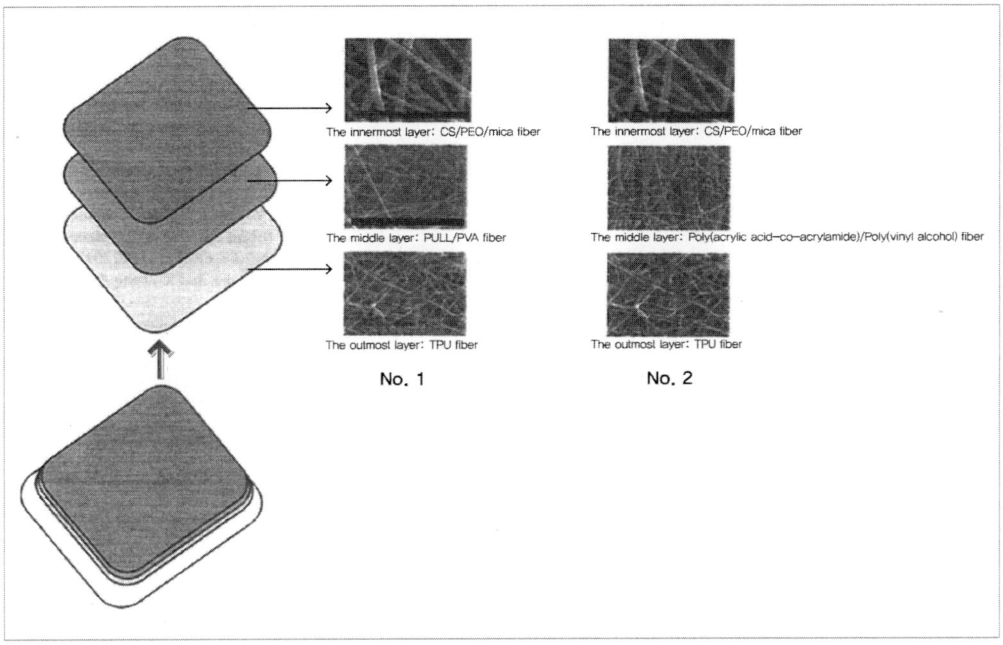

그림 8.23 3D 프린팅 상처습윤 드레싱의 구조[7]

참고문헌

1. KETI, "3D 프린팅 고분자 소재의 현황과 연구방향"
2. Melanie Gonick/MIT
3. Nike사, RUBBER MAID사
4. Zhang S. & J.K.Kim
5. Markforged사의 'Mark Two'
6. http://www.sciencetimes.co.kr
7. Macromol. Res., 26(13), 1265–1272 (2018)
8. Zhangxiaojie, Ph.D. dissertation, Gyeongsang National University, (2020)

Ⅲ

3D 프린팅 활용 분야

Chapter 09. 자동차, 항공, 국방산업 분야

Chapter 10. 의료, 의약 분야

Chapter 11. 건축, 가구 분야

Chapter 12. 의류, 패션 분야

Chapter 13. 로봇 분야

CHAPTER 09

자동차, 항공, 국방산업 분야

9.1 자동차 분야

9.1.1 자동차산업의 3D 프린팅

자동차산업에서의 3D 프린팅은 모델 디자인의 중요성, 부속품의 외주업체 의존성 및 제품 싸이클의 단축성 등의 이유로 3D 프린팅 기술의 개발 도입이 다른 산업보다 중요하게 부각되었다. 일례로 현대모비스사에서는 신차 개발 시 실제와 같은 부품을 3D 프린팅으로 제작하여 테스트를 진행하고, 테스트 결과 반영, 즉시 수정하여 시간과 비용을 절감하고 있다. 예를 들어보면 인스트르먼트 판넬 등 내장재 및 램프하우징 등은 오류를 찾아내기 위하여 정밀한 시작품이 요구되고 있는데 파트가 복잡하여 시작품 제작에 어려움을 겪고 있어 3D 프린터로 제작하여 쉽게 해결하였다. 특히 자동차에서는 내구성이 요구되는데 내구성 소재를 시제품을 3D 프린터로 제작하여 기능성 테스트가 가능하여졌다. 자동차 부품사인 한일이화에서는 제품의 성능 가능성을 검토하고 제품 외관을 검토하는데, 상관되는 부품 간의 조립성 검토와 조립의 용이성 등을 3D 프린팅 기술로 가능하게 진행하였다. 더욱 나아가 부품의 설계, 중요부 치수 관리성 검토 및 도장 및 접착성 등을 3D 프린팅 기술을 활용하여 경비 절감 및 생산성 향상을 기하고 있다. 최근 3D 프린팅 기술의 개발로 대형제품 제작이 가능하여졌다. 향후 자동차 새로운 모델 개발의 시간 단축이 요구되고 또한 전기자동차의 출현과 함께 경량화 요구에 따른 3D 프린팅 기술은 급격하게 자동차산업에 확산될 것으로 전망된다.

그림 9.1 '현대모비스'의 3D 프린팅 부품[1]

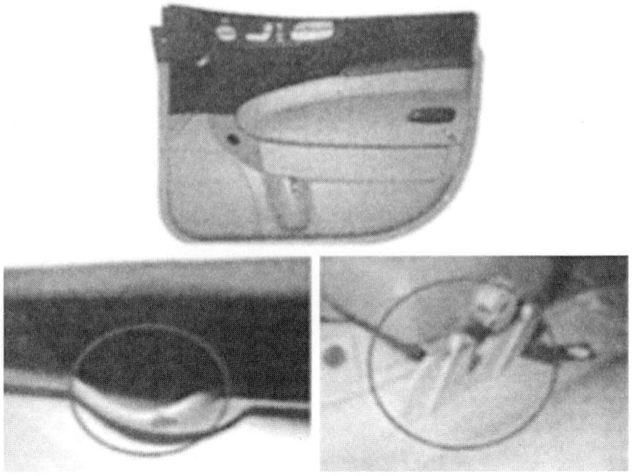

그림 9.2 '한일이화'의 3D 프린팅 부품[1]

9.1.2 자동차 활용 사례

(1) Local Motors사

미국 '로컬모터스(Local Motors)' 입구에는 'Printed, Polished, Painted'라고 쓰여 있다. 이는 3D 프린터로 프린팅한 후, 윤을 내며, 페인트칠을 해 자동차 모형을 완성시킨다는 의미이다.

1,858m^2(약 560평) 크기의 조그마한 공장 한복판에 대형 3D 프린터 2대가 자리잡고 있어 첫 번째 프린터로는 플라스틱과 카본섬유를 혼합한 컴파운드를 사용하여 직접 자동차 외부 모형을 만든다. 두 번째 프린터는 어느 정도 완성된 큰 덩어리의 자동차 외부모형을 깎아 최종모형을 만드는 역할을 한다. 이들 3D 프린터 1대당 가격은 10억 원을 넘는 수준이며, 3D 프린터 1대를 가동하여 44시간 정도면 자동차 1대를 만들 수 있을 뿐만 아니라 생산직원도 많이 필요 없어 로컬모터스 피닉스 공장 직원은 마케팅, 기획부서를 합쳐 50명 정도에 불과하다. 이유로는 자동차 제작을 오픈소스의 형태로 디자인을 모으고 부품을 조립해 만들며 대량생산하지 않고 고객 주문 제작으로 하고 있다. 향후 로컬모터스는 온도가 높거나 비가 많이 오는 등 기후가 다양한 미국 대륙 안에서 각자 사는 환경에 적합한 자동차를 오픈소스를 통하여 지역주민 손으로 직접 생산하는 것을 목표로 하고 있다. 아이디어를 독점하지 않고 커뮤니티에 모두 공개해

여러 사람들이 사용하고 개선할 수 있도록 하는 방법을 통해 로컬 모터스는 2009년 전투기 동체를 모방한 사막 비포장 도로용 수제 자동차 '랠리파이터'를 18개월 만에 직접 생산했다. 가격은 7만 5,000달러로 싸지 않지만 '세계 최초의 오픈소스 기반 자동차'라는 점에서 화제가 됐다.[1]

(출처: 블룸버그)

그림 9.3 로컬모터스사의 랠리파이터[1]

로컬모터스의 제조방식의 혁신은 미래 자동차인 전기자동차 생산에 3D 프린터를 활용하여 생산에 돌입하였다. 2014년 9월 미국 시카고에서 열린 국제 공작기계전시회에서 3D 프린팅으로 만든 전기자동차 '스트라티(Strati)'를 공개하고 시범운행까지 성공적으로 마쳤다.

(출처: 블룸버그)

그림 9.4 로컬모터스가 '북미국제오토쇼 2015'에 공개한 3D 프린터로 만든 스트라티[1]

생산과정은 탄소섬유 플라스틱 소재를 분사해 층을 쌓아 만드는 적층 방식의 제조공법을 적용하여 자동차가 완성되는 방식으로 자동차를 완성하는 데 걸리는 시간은 44시간에 불과하였다. 이유로는 기계장치를 제외하고 보디와 섀시를 비롯해 대시보드, 콘솔, 후드 등 차체의 주요 부분까지 한꺼번에 인쇄했기 때문에 보통 자동차에는 2만 개 이상의 부품이 들어가지만 스트라티의 부품 수는 40여 개 밖에 안 되며 프린트된 차체의 무게도 약 200kg으로 가벼운 편이다. 또 다른 장점은 3D 프린터를 사용하는 덕분에 소비자들이 오픈소스를 통해 직접 디자인을 내려 받고 원하는 대로 자동차 모양을 수정하여 프린트할 수 있다는 점이다. 로컬모터스 입장에서는 필요한 물건을 주문받는 즉시 그때그때 인쇄할 수 있어 재고 부담이 없다. 생산과정에서 제품 설계를 수정하는 것도 어렵지 않아 소비자 수요 변화에 신속한 대처가 가능한 장점이 있다.

(2) 자동운전 카트

미국 미시간 대학 연구팀이 3D 프린터로 제조한 자동운전 카트를 개발하였다. 파워트레인 자체는 골프카트와 같은 것으로 이용했지만 그 밖에 다른 것은 모두 3D 프린터로 제작되었다. 소재는 플라스틱 레고와 같은 고분자 소재로 경량화하였다.

그림 9.5 3D 프린터로 인쇄한 자동운전 카트[1]

골프카트와 같은 파워트레인을 사용하였기 때문에 속도 역시 골프카트와 비슷하며 도로를 달리는 용도보다는 대학 캠퍼스나 공항, 유원지 같은 곳에서 이동수단으로 활용될 것으로 기대하고 있다.

이 제품에 사용한 3D 출력 부분은 로컬모터스(Local Motors)와 공동 개발한 것이다. 로컬 모터스는 세계에서 처음으로 3D 프린트 차량을 발표한 업체이며, 전 세계에 3D 인쇄 공장을 설립, 곳곳에서 차량을 직접 출력하겠다는 계획도 세우고 있다.

(3) 3D 프린팅 자동차: Daihatsu사

일본 자동차 제조업체인 다이하쓰(Daihatsu)는 메이저 자동차 업체로는 최초로 3D 프린팅을 양산차에 적용한 맞춤형 대량생산(Mass Customization)의 비전을 제시하여 3D 프린팅 솔루션 업체인 Stratasys사와 산업디자인기업인 쯔나그(Znug Design, Inc.) 등과 공동 프로젝트를 진행하여 맞춤형 자동차 대량 생산의 가능성을 실제로 구현하였다. 디자이너들은 기하학적인 혁상과 유기적인 패턴의 15가지 '이펙트 스킨(Effect skin)'을 디자인하고 이를 Stratasys사의 'Fortus 3D' 프린터를 통해 10가지 다른 색상으로 3D 프린팅하여 완성하였다.

그림 9.6 다이하쓰(Daihatsu) 3D 프린팅 양산 차[1]

(4) 전기자동차: 혼다사

일본 혼다社는 3D 프린터로 인쇄된 전기자동차 ‘마이크로커뮤터(Micro Commuter)’를 2016년에 선보였다. 이 자동차는 일본 과자제조사 토시마야(Toshimaya)를 위해 생산된 것인데 좁은 도로에서 손쉽게 과자를 배송할 수 있는 자동차를 제조하기 위하여 작은 자동차 뒷면에 제품 박스를 실을 만한 공간을 설계해서 넣었다.

한번 충전 시 최대 80km까지 주행할 수 있으며 1인승 자동차로 혼다는 일본의 최대 소비자 가전 박람회 ‘2016 CEATEC’에서 이 자동차를 공개하였다.

그림 9.7 혼다가 3D 프린터로 만든 전기차 '마이크로 커뮤터(Micro Commuter)[1]

(5) 포드사의 자동차 부품

2017년 2월 포드 자동차는 자동차 제조사 중 최초로 3D 프린팅 전문기업인 Stratasys와 협업을 통해 3D 프린팅 기술을 응용한 자동차 부품 생산 실험을 진행하였는데 실험에 적용된 Stratasys의 인피니트 빌드(Infinite Build) 시스템은 다양한 크기와 모양의 자동차 부품 출력을 가능하게 하는 획기적인 기술이다.

포드사의 인피니트 빌드 기술은 도구, 구조물, 부품 등을 바로 출력하고 생산함으로써 디자인 절차를 간소화시키며 3D 프린팅이 대량 생산 등에도 도입될 수 있어 혁신적인 기술 발전을 도모할 것이다. 뿐만 아니라 이 시스템을 통해 제조과정을 툴링, 시제품 제작, 포드 퍼포먼스 차량의 개인 맞춤형 부품 제작과 같은 소량 생산 제조공정 혁신 및 관련 비용 절감 효과를 가져올 것으로 기대된다.

그림 9.8 인피니트 빌트시스템[2]

(6) 전기자전거

2016년 3D 프린터 기술을 활용해 무게가 35kg 밖에 나가지 않는 전기자전거가 등장하여 화제가 되었다. 에어버스 자회사 AP웍스가 3D 프린팅 기술을 활용해 세계에서 제일 가벼운 오토바이 '라이트 라이더'를 개발하였는데 3D 프린터를 이용해 마치 거미줄이 얽혀있는 것 같이 생긴 구조로 몸체를 만들었다. 특수 합금 알루미늄 소재를 사용해 강도는 티타늄과 비슷할 정도로 견고한 것을 특징으로 한다.

AP웍스에 따르면 라이트 라이더는 시속 80km/h까지 달릴 수 있고 배터리를 교체할 수 있으며 한번 충전에 60km까지 주행이 가능하다. AP웍스는 이 실험용 기기를 단 50대만 제작할 예정이며 가격은 5만 6,100달러(한화 약 6,600만 원)에 달할 것으로 전망하였다.

그림 9.9 3D 프린터로 제작된 초경량 오토바이[1]

9.2 항공우주 분야

9.2.1 항공우주산업에서의 3D 프린팅

항공우주 분야에서는 부품/제품 제작 시 다양한 기능적 요구를 달성하기 위해 높은 기술력이 필수적이다. 예를 들어, 항공기의 연료 효율성을 높이기 위해서는 가볍지만 내구성이 강한 부품을 제작해야 한다. 제품설계가 디지털화되면서 무게와 내구성 등 다양한 요구조건을 만족하는 위상 최적설계(Topology optimization)가 가능해졌다. 그렇지만 기존제작 방식으로는 위상 최적설계로 만들어진 디자인을 구현하기 어려워 실제 제품 제작에는 이를 활용하지 못했다. GE는 2020년까지 10만 개의 부품을 3D 프린터로 제작하겠다는 목표를 세웠으며, 이에 따라 약 30억 달러를 산업용 3D 프린팅에 투자한다는 계획을 발표하였다. GE는 3D 프린팅 기술을 부품/제품 제작에 활용하기 위해 이미 10년이 넘는 기간 동안 투자 및 연구를 해왔으며, 장기적인 관점에서 핵심 제조 기술로 활용하겠다는 의지를 보이고 있다. GE를 비롯한 보잉(Boeing), 스페이스엑스(SpaceX), 록히드마틴(Lockheed Martin) 등 많은 항공업체들이 3D 프린팅분야에 관심을 가질 수밖에 없는 이유이다.

9.2.2 활용 사례

(1) 로켓엔진

① NASA

2015년 美 항공우주국(NASA)이 3D 프린터를 이용해 만든 고성능 로켓엔진 연소실험에 성공했다. 이 성공사례는 로켓 엔진 제조기간과 비용을 획기적으로 줄일 수 있는 계기로 최근 로켓 회수 실험에 성공한 블루오리진, 스페이스-X 등 민간 우주기업을 중심으로 진행되는 저비용 고효율 엔진 기술 경쟁에 활용될 것이다.

실제로 마셜 우주 비행센터의 연구팀이 제작, 연소실험에 성공한 3D 프린터로 제작한 엔진이 9톤급의 추진력을 낸다는 점에서 우주 발사체의 보조엔진으로 충분히 실용화할 수 있다는 확신 하에 엔진을 구성하는 데 핵심적인 터보펌프의 연료분사장치, 밸브를 3D 프린터로 만들어 이를 함께 조립해 연소실험을 한 것은 첫 사례로 알려지고 있으며, 대기권을 통과한 발사체가 우주에서 필요한 추진력을 내는 상위 단계의 엔진으로 충분히 활용할 수 있다는 사실을 증명하였다.

프린팅 방식은 디자인된 엔진부품의 설계 도안을 컴퓨터에 입력한 뒤 금속분말을 이용하는 SLS 방식의 금속 3D 프린터 기술과 레이저 합금 기술을 이용해 부품을 만들었다. 이를 통해 기존 로켓 터보펌프의 부품 수는 기존 엔진보다 45%나 줄일 수 있었고 통상 1년 가량 걸리는 연료 밸브 제작 기간도 몇 개월로 단축했다. 또한 각 부품이 기존 엔진과 똑같이 작동하는지, 3D 프린터로 만든 부품을 조립한 엔진이 로켓 엔진 내부에서 발생하는 극한의 온도와 압력을 견딜 수 있는지를 중심으로 실험하였는데 총 7차례에 걸쳐 진행된 테스트에서 3D 프린터로 만들어진 엔진은 3300℃가 넘는 엔진 내부의 극한 고온을 견뎌내고 약 10초 동안 정상적으로 연소해 2만 파운드의 추진력을 내는 데 성공하였다.

② Rocket Lab

로켓랩(Rocket Lab)은 3D 프린터를 이용해 로켓엔진의 제조비용을 대폭 줄인 저비용화를 실현했다.

엘렉트론 로켓(Electron Rocket)은 기체를 탄소섬유 강화플라스틱 CFRP(caron fiber reinforced plastics)으로 만들었고 회당 500만 달러 미만에 발사할 수 있다. 로켓 2단에는 Ratherford 엔진 9대를 탑재했는데 이 엔진의 주요 부품은 3D 프린터로

그림 9.10 3D 프린팅 '일렉트롤 로켓'과 로켓엔진[3]

출력한 금속 성형물이다. 출력 4,600lbf의 'Rutherford engine'은 액체 산소와 등유 추진제를 사용하는 터보 펌프 엔진이지만 터보 펌프의 구동에 리튬 폴리머 배터리의 브러시레스 DC 모터를 사용하여 비용을 크게 줄일 수 있다. 가장 특징적인 것은 인젝터와 터보펌프 등의 주요 추진제 밸브 등에 티타늄 합금의 3D 프린팅 부품을 사용하였다는 점이다.

(2) 항공엔진

GE는 장기간에 걸친 연구 끝에 2013년부터 3D 프린터로 출력한 부품들을 실제 항공이 엔진에 적용하는 실증 실험을 시작했다. GE가 3D 프린터로 만든 부품 중 가장 대표적인 사례는 'GE90-94B' 엔진에 포함된 T25센서 보호용 부품(T25 sensor housing)과 차세대 LEAP 엔진에 포함된 연료 노즐(Fuel nozzle)이다.

기존 T25센서 보호용 부품에 얼음이 쌓이는 문제를 해결하기 위해서 디자인을 변경하였으나 새롭게 변경된 구조를 기존 방식으로 제작하기는 복잡했기 때문에 3D 프린터로 직접 출력하게 되었다. 2015년 3D 프린터로 출력한 T25센서 보호용 부품이 미국 연방항공국(Federal Aviation Administration; FAA)의 승인을 받으면서 현재 약 400대의 GE90-94B 엔진에 이 부품이 활용되고 있다.

그림 9.11 GE의 항공기용 엔진 LEAP와 3D 프린팅된 연료 노즐[1]

차세대 LEAP 엔진에 적용될 연료노즐은 구조가 복잡하기 때문에 기존에는 25개의 서로 다른 세부 부품들을 조립해서 만들었는데 3D 프린터를 도입한 뒤로 하나의 부품으로 출력하여 불필요한 조립과정을 줄일 수 있었으며 부품 제작 비용도 75%를 절감

할 수 있었다. 뿐만 아니라 구조 최적화를 통해 기존 부품보다 내구성이 5배나 높으면서 무게는 25% 가벼운 제품을 만들어냈다.[1]

(3) 항공기 동체 및 부품

3D 프린팅 업체인 스트라타시스(Stratasys)는 2017년 6월 항공기 내장 부품용 3D 프린팅 솔루션(제품 명칭: Fortus 900mc Aircraft Interiors Certification Solution)을 발표하고 파리 국제 에어쇼에서 공개하였다. '스트라타시스'는 또한 최근 초음속 항공기 기술 보유업체인 붐 수퍼소닉(Boom Supersonic)과 기술 분야에서 협력하기로 했다.

항공기 내장 부품용 3D 프린팅 솔루션은 항공기에 들어가는 내장부품을 FAA(미 항공청)와 EASA(유럽항공안전기구) 규격에 맞게 3D 프린터로 제작할 수 있으며 향후 3D 프린팅 기술과 소재의 발전으로 확장되리라 전망된다.

그림 9.12 3D 프린팅으로 제작된 항공기와 항공기 부품[4]

항공 장비 등을 제작하는 미국의 '제너럴 일렉트릭(GE)'은 2005년부터 금속 3D 프린터 기술을 연구해 2011년 3D 프린터 기술과 새로운 소재를 개발하는 연구소를 설립하여 2020년까지 10만 개의 부품을 3D 프린터로 제작하겠다는 목표를 세웠다.

(4) 유럽우주국(ESA)

유럽우주국(ESA)은 3D 프린팅 기술을 이용해 건설하는 복수의 돔으로 구성된 달 기지의 컴퓨터 그래픽(CG) 이미지를 공개하였다. 이 팽창식 돔이 조립된 후 돔의 표면은 로봇에 의해 3D 프린팅 기술로 제작되며, 달 표면의 흙을 이용해 '층'을 덮게 됨으로써 방사선이나 유성 분진으로부터 거주자를 보호하는 역할을 할 것이다.

그림 9.13 3D 프린팅 기술 이용한 달 표면 기지 이미지[5]

(5) 우주용 칵테일 잔

제로 그래비티 칵테일 프로젝트(Zero Gravity Cocktail Project)는 우주에서도 사용할 수 있는 칵테일 잔을 만들겠다는 계획이다. 우주에서 무중력 상태가 되면 물은 둥근 구형이 되어 버린다. 이런 현상을 막기 위해 유체역할을 이용한 유리 칵테일 잔을 고안하였다.

제로 그래비티 칵테일 잔은 독특한 무늬를 갖추고 있다. 본체는 3D 프린터를 이용해 유리 재질을 성형해서 만들었으며 1개 만드는 데 걸리는 시간은 15시간 가량이다. 향후 민간 우주여행 등이 실시된다면 잔뿐만 아니라 여러 가지 우주에서 필요한 3D 프린팅 조형물이 출현될 것이다.

그림 9.14 3D 프린터를 이용한 칵테일 잔 '제로 그래비티'[6]

9.3 국방 분야

(1) 미사일 부품

록히드 마틴은 '트라이던트II D5' 잠수함 발사 탄도 미사일(Submarine launched ballistic missiles, SLBM)에 3D 프린터로 출력한 부품을 사용했다. 대략 2.5cm 정도 되는 작은 부품을 알루미늄 소재의 3D 프린터 출력물로 대체한 것인데 용도는 전선 커넥터를 보호하기 위한 것으로 미사일을 발사할 때 충격과 열을 견디지 못하면 전선이 손상되어 미사일이 작동하지 못하게 된다.

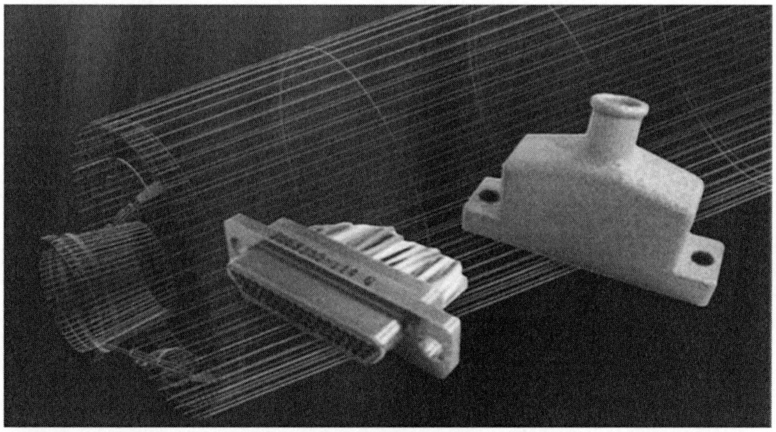

그림 9.15 잠수함 탄도미사일 부품[7]

굳이 3D 프린터로 출력하지 않아도 될 것 같은 부품을 왜 3D 프린터로 출력했던 이유는 속도와 경제성이다. 록히드 마틴에 따르면 금속 3D 프린터로 부품을 바로 출력하는 것이 기존의 방식보다는 2배 빠르다고 한다. 미사일은 물론 전투기나 전차 등 군용 장비들은 수많은 부품으로 구성되어 있다. 그 자체도 비싸지만 더 큰 문제는 유지 보수이다. 보통 한번 도입하면 수십 년은 써야 하는데 계속해서 부품을 공급하기가 까다로운 문제이다. 더구나 생산량이 많지 않은 제품이라 계속해서 부품 생산설비를 유지하기도 어렵다.

따라서 3D 프린터를 사용하면 1개든 100개든 간에 3D 프린터로 필요한 만큼 출력하면 남는 부품 재고나 수급 문제에 신경 쓸 필요가 없을 것으로 보인다.

아예 부대 단위로 3D 프린터를 배치해서 3D 프린터로 출력이 가능한 부분은 바로 수급이 가능해질 수 있어 이는 소수의 장비를 장시간 사용해야 하는 임무에 매우 적합하다. 이러한 이유로 군수 분야에서 3D 프린터가 새로운 혁신을 가져올 수 있을 것으로 보인다.

(2) 장갑차

'M-1 Abrams 탱크'와 'Bradley 장갑차'의 조준 Sitting 카메라를 3D 프린터를 활용하여 제작하여 장갑차에 실제 장착 테스트하였다. 재료로는 Aircraft-grade aluminum을 대체하여 장갑차에 장착해서 실전에서 운영 중이다.

그림 9.16 장갑차[1]

(3) 무인 정찰기

2017년 초 미군이 작전 중 필요에 따라 맞춤형 미니드론을 제작할 수 있는 프로젝트를 진행하고 있다. 국방 전문매체 '디펜스원'는 미 육군연구소가 조지아공대(Georgia Technical Institute)와 공동으로 군인들이 작전 중 필요한 미니 드론을 24시간 이내 3D 프린터로 제작할 수 있도록 'ADAPT(Aggregate Derivation Approach to Product Design)' 프로젝트를 추진하고 있다고 하였으며 ADAPT가 실용화되면 실제 맞춤형 미니드론을 총 3일 이내 확보해 작전에 투입할 수 있게 된다고 전망하였다. 2019년 사우디아라비아의 석유정제시설이 폭탄을 실은 드론에 의하여 공격을 받아 심한 타격을 입었다.

영국에서는 3D 프린터를 이용해 소형 비행기 제작에 성공했고, 영국 사우스햄턴대 연구진은 1주일 만에 3D 프린터를 이용해 소형 무인정찰기를 만들고 비행까지 성공시켰다.

미국 국방부는 전쟁 발생 시 필요한 무기와 도구 등을 신속하게 공급하기 위해 대형 3D 프린터를 개발 중이며 항공우주국(NASA)은 국제 우주정거장에서 3D 프린터로 우주에서 필요한 장비를 직접 생산할 수 있는지 실험 중이다.

참고문헌

1. Market Report (IRS Global) '3D 프린팅 (프린터, 소재) 시장 기술 전망과 국내외 참여업체 전략' (2013)

2. 포드사 Infinite build system https://www.theengineer.co.uk/stratasys-opens-up-new-additive-avenues-with-infinite-build-technology/

3. Rocket Lab, https://www.rocketlabusa.com/

4. Stratasys사, http://3d.interfo.com/?p=2304

5. ESA Foster + partner https://www.youtube.com/watch?v=pk9PWUGkz7o

6. https://www.space.com/28876-zero-gravity-cocktail-glass-kickstarter.html

7. Lockheed Martin사, https://3dprint.com/217176/lockheed-martin-3d-printing/

CHAPTER 10

의료, 의약 분야

10.1 의료

10.1.1 의료기기

의료기기란 의료기기법 시행규칙에 따라 인체에 미치는 잠재력, 위해성을 고려하여 1~4등급으로 분류, 원자재; 제조공정(대중소 분류), 기능(품목) 등에 따라 분류된다.

의료기기의 개발과정은 타 분야보다 임상테스트 허가 등의 까다롭고 복잡한 절차가 뒤따르기 때문에 3D 프린팅물의 출현으로 허가 규제 등이 이슈화되고 있어 미국의 FDA와 EU Regulation은 이러한 이슈에 대하여 규정 제정을 검토하고 있다. 의료 분야에서 응급용으로 남성 두개골, 유아용 기관(Windpipe)이 2013년 FDA 승인을 취득하여 3D 프린팅으로 제작되어 사용하고 있다. 3D 프린팅 활용 분야 중(2020년 기준) 자동차 항공 분야(약 35%), 기계(22%), 의료, 치과(7%) 순으로 차지하고 있다.[1] 의료 치과 부분이 많이 성장되리라 예상되는데 의료기기는 수많은 부품으로 구성되고 정밀해야 하며 소량으로 생산하기 때문에 3D 프린팅 기술이 적합한 분야이다. 더구나 종래의 의료기기에서는 의사의 전문지식을 디자인 컨셉에 접목하는 데 어려움이 있고 환자의 요구사항을 정확하게 접목시키는 데 문제점이 발생되었는데, 이러한 문제점 개선에 3D 프린팅 기술은 짧은 시일 내에 디자인한 모델을 제작하고 디자인의 개선과 부품의 기능성을 테스트할 수 있다는 이유로 향후 더욱 더 이 분야의 3D 프린팅 기술이 확대될 것이다.

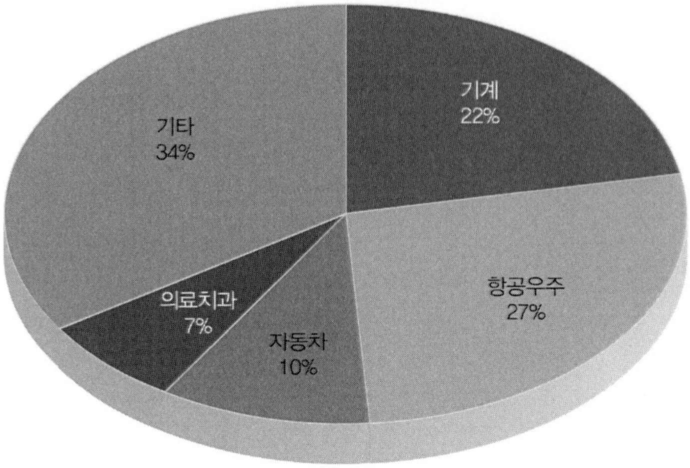

그림 10.1 3D 프린팅 응용 산업 분류

10.1.2 의료교육 및 모의수술

2013년 10월 방사선학회 논문지[2]에 보고된 바에 의하면 대퇴골 골절 수술 전 CT 이미지를 3D 프린팅 기술로서 대퇴골을 제작 후 모의수술을 함으로써 수술 중 발생할 수 있는 사고를 방지할 수 있고, 수술시간 단축 및 정밀한 수술이 가능하게 되었다.

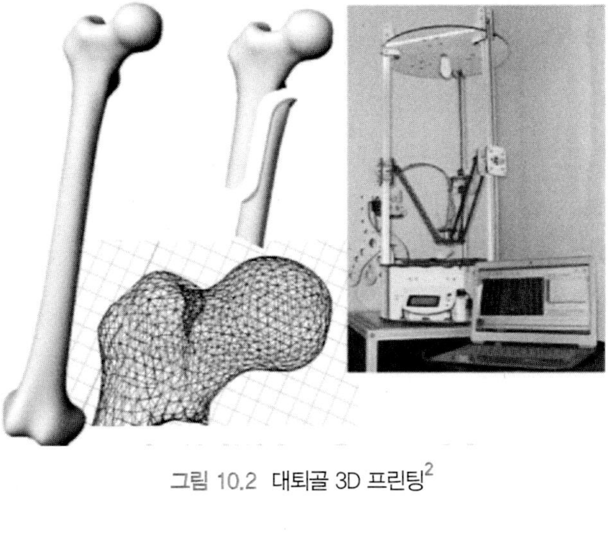

그림 10.2 대퇴골 3D 프린팅[2]

말레이시아 대학에서는 3D 프린팅한 두개골 모형을 통하여 뇌종양 제거수술의 실습을 진행하는 의학교육이 가능하게 되었고, 국내의 중앙대학교 병원에서도 3D 프린팅한 두상모형으로 뇌종양 수술 실습 교육을 함으로써 3D 프린팅 기술이 다양하게 의학교육에 사용되면서 앞으로는 시신 없이도 3D 프린팅 기술을 이용하면 해부학이나 모의 수술이 가능하게 되었다.

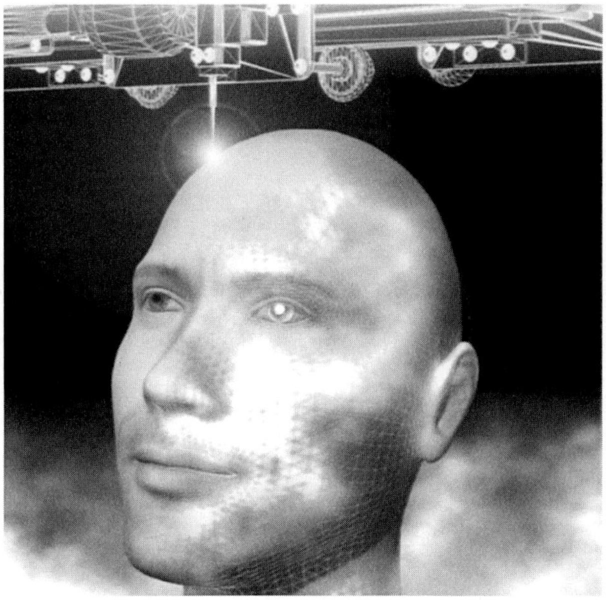

그림 10.3 두개골 모형 3D 프린팅[3]

10.1.3 인공장기

인공장기 제작은 향후 도래하는 100세 시대에 가장 필요한 기술이라 할 수 있다.

2013년 일본 고베 대학병원은 간이식을 3D 프린팅을 활용하여 성공적으로 수행하였다. 어른의 간을 어린이에게 이식하는 수술이기 때문에 기증자보다 작은 어린이의 이식 공간에 맞추어서 수술해야 하기 때문에 간의 기능을 유지하면서도 크기를 정확하게 맞추어서 다듬어야 하기 때문에 3D 프린터로써 PVA 소재를 사용하여 간을 복제한 후, 여러 번 연습을 하여 정밀한 수술을 성공적으로 수행할 수 있었다.

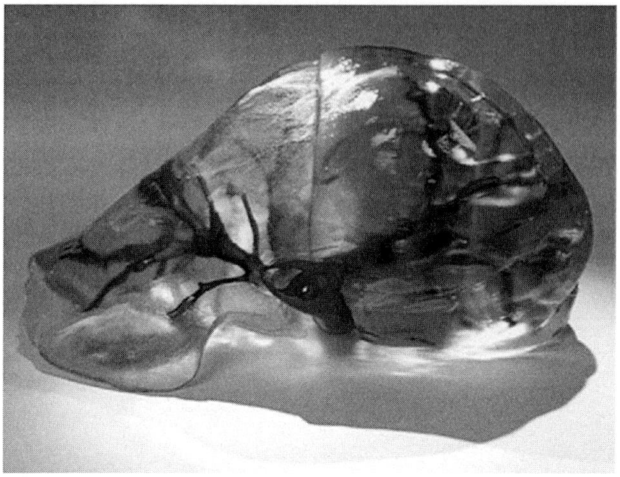

그림 10.4 PVA 소재를 사용한 간 3D 프린팅으로 제작된 인공 간[4]

1953년 Gibbon 박사가 발명한 인공심폐기는 3D 프린팅 기술로 인공장기 제작의 동기가 되어 인공심장제작 기술이 발달되어 3D 프린팅 기술로 제작한 인간 심장처럼 보이는 소프트 인공심장이 개발되었다. 스위스 취리히 연방공대(ETH Zurich)는 진짜 심장처럼 보이며 부드러운 외형을 갖는 실리콘 인공심장을 개발했다.[5] 부드러운 인공 심장은 ABS 소재를 이용하여 3D 프린팅하여 '로스트 왁스(lost-wax)' 주조 기술을 사용해 실리콘으로 만들어졌으며, 무게는 390g이고 부피는 679m^{2}이며 내부 구조가 복잡한 실리콘 단일 블록이다.

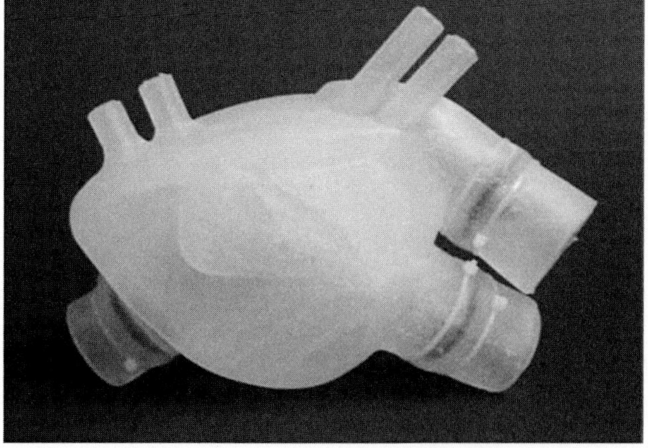

그림 10.5 3D 프린팅으로 제작된 인공심장[5]

10.1.4 뼈

(1) 척추뼈

2016년 2월, 호주 시드니에 위치한 프린스오브웨일즈 병원(Prince of Wales Hospital)이 척색종 환자에게 세계 최초로 3D 프린터로 출력한 척추 뼈이식 수술에 성공했다. 척색종은 척추 두개골을 지탱하고 있는 부분에 발생하는 종양 부위만 제거하는 게 상당히 곤란하고 또한 종양이 성장하면서 서서히 척추 신경을 압박하고 막판에는 사지가 마비될 수 있다. 수술을 받은 60대 환자는 이미 경추 위쪽 2개에 종양이 침투해 바로 위에 있는 머리를 돌리거나 기울이는 게 곤란해진 상태였다. 이 부분 뼈에 신경이 집중되어 있기 때문에 사실상 이식은 불가능하다고 해도 과언이 아니다. 또 이 부분에 생긴 종양을 모두 깨끗하게 제거하는 것도 어려워 수술 후 재발율도 상당히 높다고 한다.

병원측이 생각해 낸 방법은 완벽한 모양을 한 3D 프린팅 척추뼈를 사용하는 것이다. 호주 의료장비업체인 아나토믹스(Anatomics)와 협력해 환자를 위한 전용 티타늄 재질 3D 프린트 척추뼈를 만들었다. 이미 침투된 척추마다 종양을 제거하고 티타늄 뼈로 대체하는 것인데, 이 이식 수술은 척수와 뇌간 동맥이나 신경에서 불과 몇 cm 범위에 집중되고 있어 세심한 주의가 필요했고 수술시간만 15시간이 걸렸다고 한다. 다행히 수술은 성공적으로 끝났고 현재 환자도 상태가 호전되고 있다고 한다. 하지만 담당의사는 티타늄 뼈 보형물로는 만족하지 않고 환자에게 채취, 배양한 조직을 3D 프린터로 만든 이식용 부품을 다음 단계에서 가능하게 될 것으로 보고 있다.

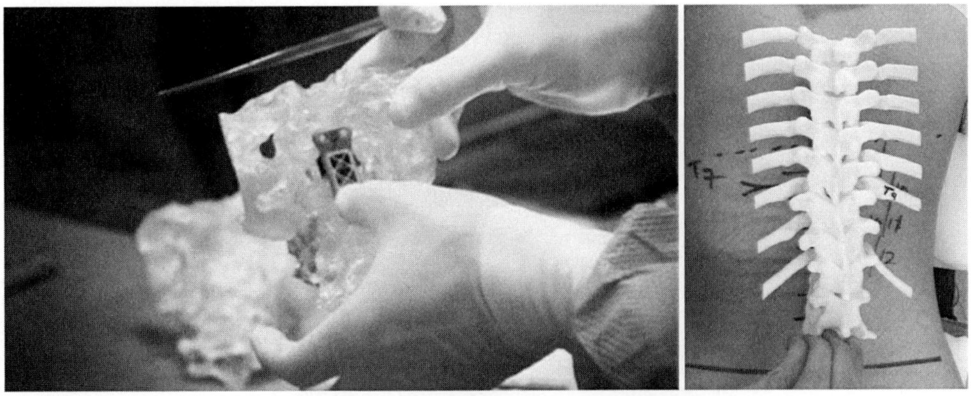

그림 10.6 3D 프린팅으로 제작한 척추뼈[6]

(2) 갈비뼈

2015년 스페인 살라망카대학병원이 흉벽 종양으로 흉골과 늑골 몇 개를 티타늄 골격으로 대체하는 수술에 성공했다. 이 인공 골격은 티타늄을 3D 프린터로 성형한 것으로 뼈가 필요로 하는 유연성도 갖추고 있다.

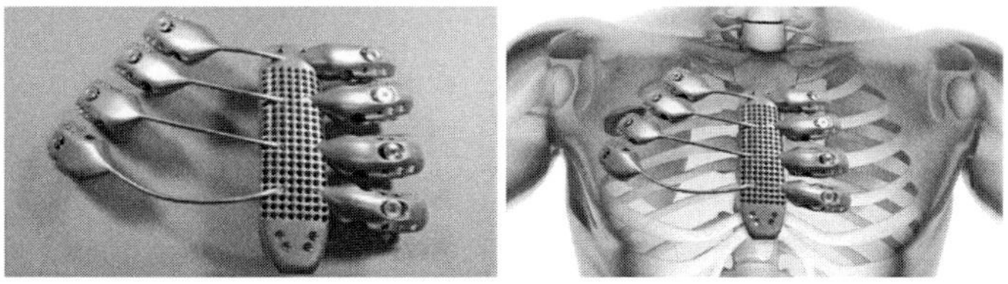

그림 10.7 3D 프린터로 만든 티타늄 인공 골격[7]

이 골격을 제조한 곳은 호주 멜버른에 위한 의료기기 제조사인 아나토믹스(Anatomics)인데 병원에서 받은 해당 남성의 자세한 CT 스캔데이터를 바탕으로 흉골 재건을 위한 3D 데이터를 만든 다음 3D 프린터를 이용해 출력하였다.

호주연방과학원 CSIRO는 흉부의 모양이 복잡하게 변화하기 때문에 완성된 티타늄 골격은 원래 있던 골격 형상은 아니다. 하지만 흉골 아래 부분과 좌우로 뻗은 늑골 부분의 남은 뼈에 단단히 고정시켜 골격을 재건하는 데 성공했다.

(3) 의수, 의족

3D 프린터로 출력한 전자 의수는 무게가 가볍고 손가락 관절 움직임이 뛰어날 뿐만 아니라 제작비가 기존 제품의 10분의 1에 불과해 상용화 가능성이 높다.

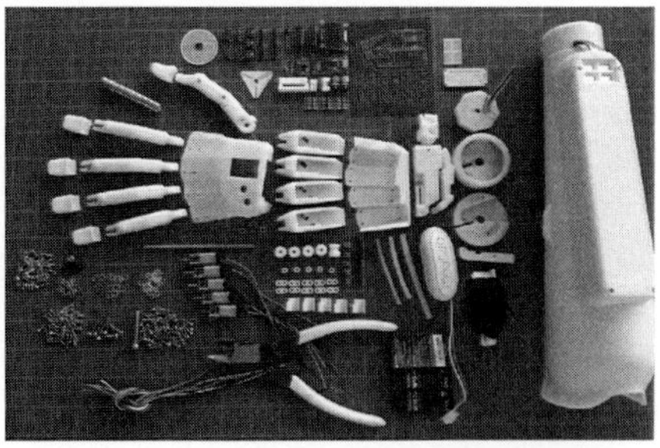

그림 10.8 3D 프린터로 출력한 전자의수[8]

국내 만드로社는 2015년에 뇌로부터 근육으로 전달되는 미세한 신체 신호를 감지해 손가락 관절을 움직일 수 있도록 한 '전자 의수'를 개발하는 것을 목표로 3D 프린팅 기술을 활용하였다. 뇌에서 근육으로 전달되는 신체 신호를 감지하는 센서와 이를 제어하는 초소형 컴퓨터 '아두이노' 및 구동을 담당하는 기계부분을 개발하고 손모양의 외골격은 3D 프린터로 출력했다. 재료로서 일반적으로 사용하는 ABS 소재로 출력했고, 조인트와 베어링 등 연결부위는 금속소재의 기성품을 사용했다. 사람에 따라 맞춤형이 필요한 부분은 3D 프린터로 제작했다. 무게가 가벼운 데다 손가락 관절 움직임을 개선하는 등 성능과 완성도가 뛰어나고 제작비가 수백만 원에서 수천만 원에 달하는 기존 제품의 10분의 1 수준에 불과한 것으로 평가되었다.

3D 프린터 제조회사인 Stratasys사는 희귀병 환자를 위한 의료용 인공팔을 제작하였다. 선천적으로 근육이 굳어져 팔을 움직일 수 있는 희귀성 근골격계 질환인 관절산공증 환자를 위하여 'Magic Arm'이라는 인공팔을 제작하여 외골격과 근육의 기능을 하는 팔을 쓸 수 있게 하였다. 아기의 성장에 따라 로봇팔의 제품은 3D 프린터로 빠른 시일 내에 정밀하게 제작할 수 있기 때문에 추후 인공지능형 로봇의 근육으로 발전시킬 수 있다.

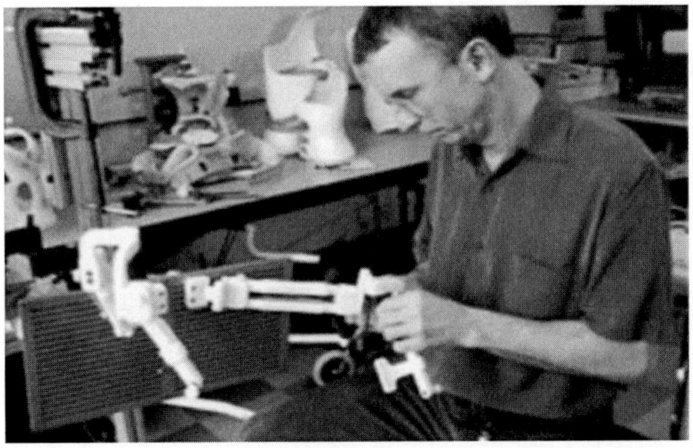

그림 10.9 Stratasys사의 Magic Arm[9]

엑소(EXO)는 윌리엄 루트(William Root)라는 디자이너가 3D 프린터 시스템을 이용해 개발한 의족으로 미적인 감각과 공학적 기술을 결합해 만든 것이다. 이 제품은 MIT 바이오 메카트로닉스 연구소가 개발한 핏소켓(FitSocket)이라는 기술을 이용하였으며 압력센서를 이용해서 환자의 조직 중 부드럽고 딱딱한 정도를 측정하여 환자의 몸과 맞는 인터페이스를 제작하여 사용에 편리함을 제공하였다.

그림 10.10 의족 '엑소(EXO)'[10]

이런 데이터를 바탕으로 최소한의 재료로 최대한 강도를 뽑아내면서 외형이 세련된 것이어야 한다는 원칙을 세워 제품을 만들었으며 티타늄과 고강도 플라스틱 같은 재질로 이뤄진 검은 색 의족은 3D 프린터로 제작, 가격은 1,800달러(한화 194만 원대)이다.

3D 프린터 기술이 발전하고 대중화가 더 진행된다면 가격이 더 떨어질 것이라는 의미이다. 현재 경상대학교 유기탄성체연구팀(김진국 교수)은 의수에서 실제 인간의 손과 비슷하게 하기 위해서 우레탄 및 실리콘 고분자를 이용하여 3D 프린팅 기술로 제조되는 인공지능 로봇용 인조피부를 개발하였다. 이는 13장 로봇 분야에서 자세히 소개된다.

(4) 두개골

네덜란드 위트레흐트 대학 의료센터의 외과의사들은 3D 프린트된 두개골을 활용해 평균보다 3배 두개골이 두꺼운 여성 환자를 살렸다. 두꺼워지는 두개골은 환자의 두뇌에 압력을 가해왔고, 이미 그녀의 시력을 잃게 만들고 운동능력 상실까지 유발시켰다. 3D 프린팅이 나오기 전까지는 "그런 환자를 치료하는 효과적인 처치법은 없었다"고 담당 외과의사가 설명하였다.[1]

삼성 서울병원 이비인후과에서 국내 최초로 부비동암 수술에 3D 프린팅 기술을 적용하여 수술 후 부작용인 얼굴, 눈 함몰 가능성을 최소화하였다. 3D 프린팅 기술로 미

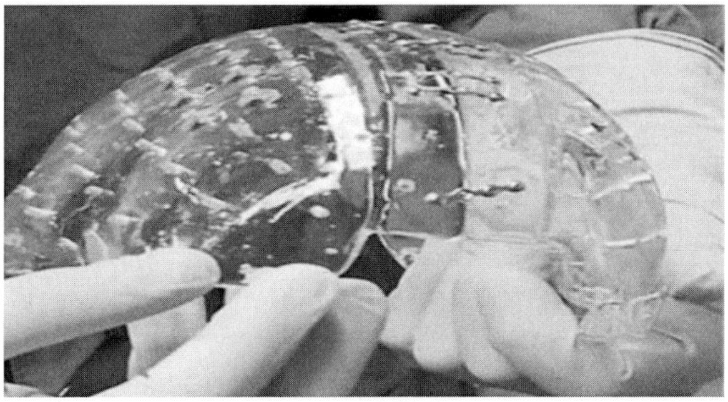

그림 10.11 3D 두개골[1]

리 환자의 골격을 정확히 제작하여 3D 프린팅으로 다른 소재(티타늄) 모양을 정확하게 구현함으로써 수술의 부작용을 감소시킬 수 있다.

10.1.5 보청기

(1) 보청기

미국 코넬대학교 의학연구진은 3D 프린터를 사용하여 인공 귀를 제작하였다. 기존에도 인공 귀는 스티로폼이나 환자의 갈비뼈로서 만들어졌으나, 모양이 자연스럽지 못하고 또한 성능도 우수하지 못하였다. 코넬의대 연구진은 줄기세포로 만들어지는 겔(Gel)과 3D 프린팅 기술로서 연골의 콜라겐을 대체할 수 있는 물질을 사용하여 모양과 기능을 좋게 제조할 수 있었다.

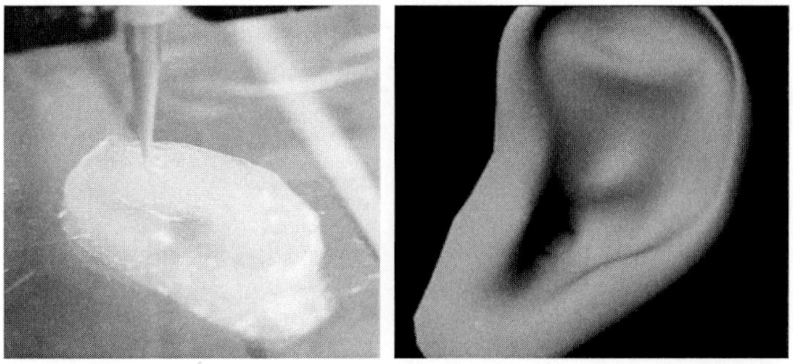

그림 10.12 인공귀 사진[11]

프린스턴 대학 연구원들은 3D 프린트 생체공학 귀 개념을 선보였다. 이 과학자들은 하이드로겔(배양연골)을 사람의 귀 모양으로 인간 세포와 함께 심었다. 그리고 달팽이관 모양의 전극으로부터 신호를 처리할 수 있게 해주는 은 나노입자 합금으로 만들어진 유도 코일을 내장시켰다. 이 3D 프린트된 귀는 음파를 증폭해 수신하고, 왼쪽과 오른쪽 귀가 한 쌍으로 동작해 스테레오 음악도 들을 수 있다. 생체 조직과 기능적인 전기 부품을 3D 프린팅을 통해 합침으로써 혁신적인 기술을 개발하였다.

인공귀뿐만 아니라 국내의 딜라이트 보청기사는 3D 프린팅 기술로 귀의 모양을 정확하게 스캐닝하여 귀에 맞는 보청기를 제작하였다.

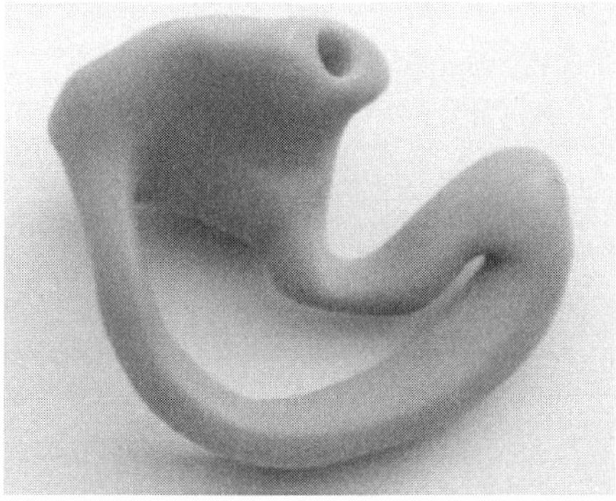

그림 10.13 딜라이트 보청기[12]

미국 스탠포드대 과학자들이 체온 등 생체신호를 지속적으로 측정할 수 있는 귀마개 형태의 센서를 3D 프린터로 만드는 데 성공하였다.

'IEEE 스펙트럼'에 따르면 스탠포드대 전기엔지니어링 부문 '알리 자베이(Ali Javey)' 교수팀은 체온을 지속적으로 측정할 수 있는 귀마개 센서인 '이어러블 스마트 디바이스(Earable Smart device)'를 개발하였다.[13]

이번에 개발된 스마트 디바이스는 보청기 기능도 갖추고 있으며 앞으로 체온뿐 아니라 다양한 신체 신호를 측정할 수 있는 플랫폼으로 진화할 것으로 기대되고 있다.

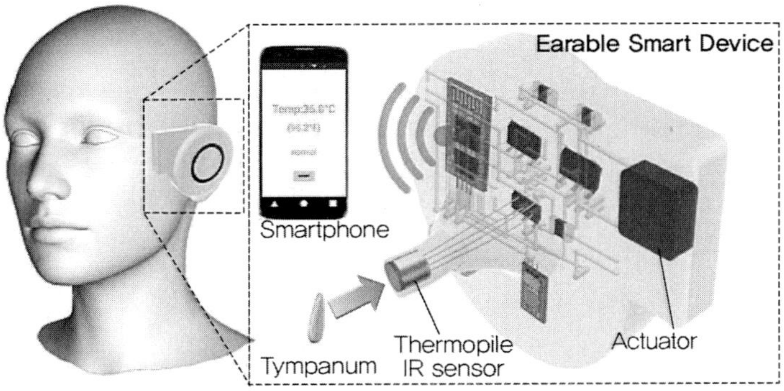

그림 10.14 3D 프린터로 제작한 체온측정용 귀마개 센서[13]

(2) 치과용 임플란트 및 교정기구

2016년 국내 센트롤社는 사람 몸에 바로 이식할 수 있는 치과용 임플란트를 제조하는 메탈 3D 프린터 '센트롤 3D SM150(SENTROL 3D SM150)'을 선보였다.

그림 10.15 센트롤이 3D 프린터로 출력한 치과용 임플란트[10]

이 제품은 SLM(Selective Laser Melting) 방식의 메탈 3D 프린터로서 출력은 20~30μm 두께로 금속 분말을 도포해 최대 속도 7m/s의 400W급 레이저로 금속분말을 용융하고 다시 분말을 도포하는 과정을 반복해 진행한다. 또한 얼라인 테크놀리지사는 인간의 치아를 스캐닝하여 3D 프린터로서 치열을 교정하는 치아 교정기구를 제조하였다.

10.1.6 연골

콜롬비아 대학 의료센터는 FDM으로 알려진 3D 프린팅 모델을 활용해 무릎 반월상 연골을 만들었다. 뼈를 보호하는 연골층인을 반원상연골은 운동 중 부상으로 손상을 받거나 무릎 수술과정에서 상실되는 경우가 종종 있다. 3D 프린트된 임플란트를 활용하는 이 기술은 성장 호르몬을 주입시켜 자체적으로 재성장을 유도하는 방식이다.

연구진에 따르면 양의 무릎이 인간의 무릎과 아주 유사하며, 이에 따라 양의 무릎이 단백질 주입 3D 비계설정을 테스트하는 데 사용됐다. 3D 프린트된 반원상연골이 양에게 이식되고 3개월 후 단백질 주입 반월상연골이 이식된 양은 일상적으로 걷게 되었다. 인간에게 적용되면 이 치료법은 무릎 연골을 잃어버려 심각한 관절염으로 이어질 수 있는 수백만 명의 환자들을 도울 수 있을 전망이다.

바이오 프린터나 바이오잉크가 개발됨에 따라 줄기세포를 이용하여 바이오잉크를 개발하여 연골을 생성하게 하는 기술이 향후 주목된다.

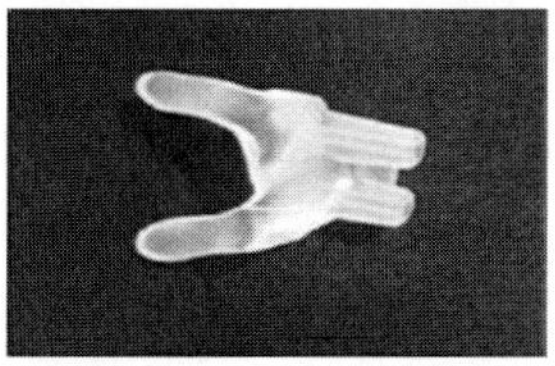

그림 10.16 이식용 연골[1]

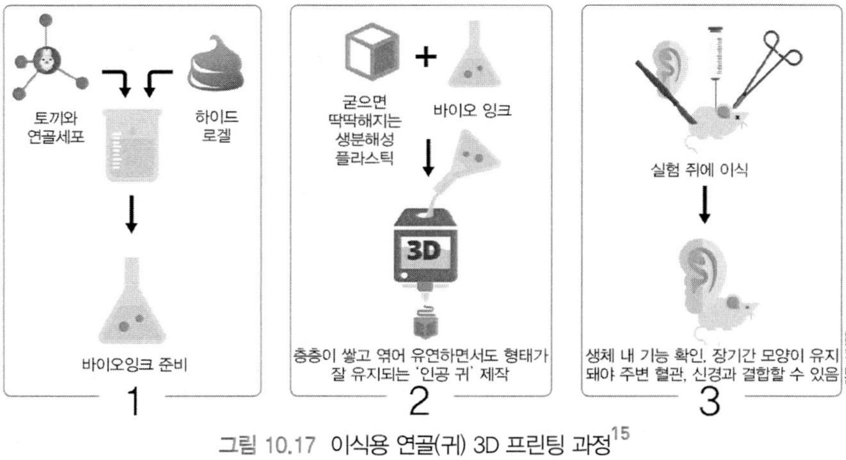

그림 10.17 이식용 연골(귀) 3D 프린팅 과정[15]

10.2 의약

2015년 미국 제약사 아프레시아 파머슈티컬스는 미국 FDA로부터 3D 프린터로 제작한 간질 치료제 '스프리탐' 판매를 허가받았다. FDA는 그동안 3D 프린터로 제작한 보철물 등 의료기기를 승인한 적은 있지만 알약을 승인한 것은 처음이다.

이 알약은 3D 프린터로 분말형 성분을 조금씩 분사해 적층시켜 제조하기 때문에 공기구멍이 많은 다공성 결합체로 만들어져 수분을 빨리 흡수하기 때문에 쉽게 녹아 물 없이 삼킬 수도 있다.

그동안 의사들은 제약사들이 정한 약 용량에 따라 처방했기 때문에 환자 맞춤형 의약 처방이 쉽지 않았다. 하지만 3D 프린터로 제작하는 약은 미리 정보만 주어지면 필요한 만큼만 약물을 투입할 수 있어 환자 개개인에게 맞춤형 처방의 의약이 될 수 있다. 3D 인쇄로 최대 1정당 복용양 1,000mg까지 다양한 용량의 알약을 제조할 수 있다.

신경치료제 등 앞으로 3D 프린터를 활용해 다양한 약을 개발할 계획이다. 이 약이 승인을 받음으로써 앞으로 3D 프린터 처방약 보급이 늘어날지 관심을 끌고 있다. 또한 약국에서만 구할 수 있었던 의약품도 이제 가정에서 제조할 수 있는 날이 다가오고 있다. 영국 글래스고대 연구진은 프린터에 압출기 역할을 하는 주사기 등을 달아 약물과 촉매 물질을 넣어 원하는 약을 제작할 수 있는 기술을 개발하기도 했고, 가정에서도 3D 프린터로 환자에 맞는 약을 제조할 수 있도록 하는 3D 프린터를 보급할 계획이다. 미국 매사추세츠공과대(MIT)와 스위스 제약사 노바티스는 3D 프린터로 약을 제조하는 기술을 개발 중이다. 전문가들은 이 기술이 곧 상용화될 것으로 예상된다.

미국은 '오바마케어'로 불리는 의료보험개혁법 도입 이후 3D 프린팅 기술을 헬스케어 부문에 접목하려는 다양한 시도를 진행하고 있다. 일례로 3D 프린팅 기술은 IT와 접목하여 칩 위의 생체를 제조하여 약품진단용으로 응용될 수 있다. 하버드 와이스 연구소와 웨이크 포레스트 재생의학연구소는 3D 프린팅을 활용한 "칩 위의 생체" 혹은 "칩 위의 장기"에 대한 연구를 주도해왔다. 간, 폐, 혈액세포 등의 기능을 하는 소형장기를 생성하는 것도 가능하게 될 것이다. 연구진에 따르면 "칩 위의 생체" 기술은 제약부터 신체상의 화학작용제를 테스트하는 데 사용될 수 있다. 두 대학과 글락소스미스

클라인, 오르가노보 등의 공공기관 역시 3D 프린트된 조직 기술에 대한 연구를 수행하고 있다.

와이스연구소는 미세가공 기법과 현대적인 조직 엔지니어링을 혼합해 인간 폐의 기계적 생화학적 요소를 따라 함으로써 약품 선별 기능을 하는 폐를 만들어 내었다.

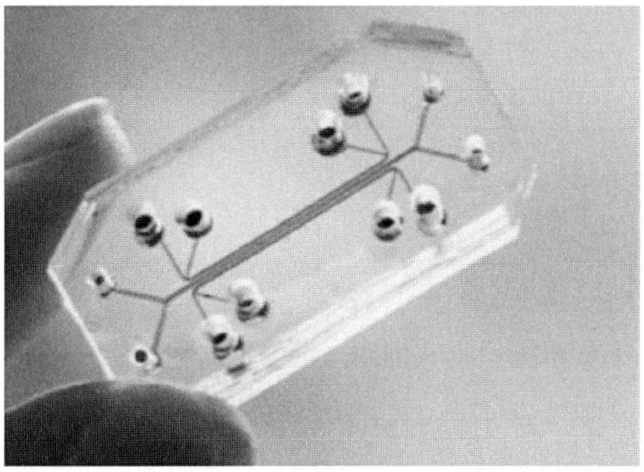

그림 10.18 칩 위의 폐[1]

미국정부는 수술이나 치료과정에서 3D 프린팅 기술에 기반한 설계정보를 공유하고 관련 산업을 촉진시키기 위해 별도 프로그램도 운영하고 있다.

그러나 3D 프린터의 음성적인 이용에 대한 우려도 대두되고 있다. 자금력 있는 범죄조직이 3D 프린터를 사용해 대량의 불법마약을 대량 생산할 수 있다고 이미 예상되고 있어 미국과 유럽 미디어는 멕시코의 마약 카르텔이 그 가능성에 대해 연구를 시작하고 있다고 보도했다.

마약의 경우 작용하는 성분만 들어 있으면 되기 때문에 의약품보다 쉽게 제조할 수 있는 것으로 우려된다. 작용 성분만 있으면 나머지는 전분 등의 부형제, 셀룰로오스 등의 결합제만 있으면 만들 수 있어 기존의 공장과 같은 규모의 생산기지를 필요로 하지 않는다. 미국의 3D 프린터 관련 정보 사이트 '3D PRINTING.com'에서는 MDMA 등 합성 마약, 코카인, LSD 등은 3D 프린터로 만드는 데 가장 적합한 것으로 알리고 있다.

한편, 불법 약물 이외에도 가짜 의약품 유통의 우려도 있다. 중국과 인도에서는 가짜약의 제조가 일대 산업이 되고 있으며 주로 아프리카 등 개발도상국에 유통돼 수많은 건강 피해가 보고되고 있다. 3D 프린터의 보급으로 이러한 가짜 의약품 유통이 확대될 수도 있다.

3D 프린터는 실용화가 이제 막 시작됐다. 업계의 혁신적인 시도를 저해하는 단순한 규제가 아닌 범죄에 악용되지 않도록 국제적인 구조 대안도 필요할 것이다.

10.3 상처 드레싱

인체는 피부에 창상과 같은 결손 부위가 발생할 경우, 상기 결손 부위를 방어하고 자가 치유를 하려는 성질을 가지고 있는데 이런 경우에 결손 부위를 효과적으로 치유하고 그 치유 속도를 높이기 위한 보조제로서 상처 드레싱이 사용된다. 이러한 상처 드레싱은 환부의 위치 및 종류에 따라 환부와 피복재가 적절히 밀착되어야 한다. 3D 프린팅을 통한 상처 드레싱 제조 방법에 의하면, 상처 모양에 따라 드레싱을 할 수 있어 상처가 깊은 경우에도 창상면과 밀착성이 우수한 상처 드레싱을 제조할 수 있다.

그림 10.19 3D 프린팅 상처 드레싱 구조[14]

현재, 키토산은 무독성, 환경친화성, 생분해성 및 생체적합성이 우수하여 여러 의료용 분야에 많이 활용되고 있지만 기존의 기술에서는 깊은 상처 치료에 적합하면서 키토산의 기능성이 최대로 발휘되는 효과적인 형태의 제품은 아직 출시되지 않고 있다. 경상대학교 김진국 연구팀은 상처 드레싱 3D 프린팅 기술로 개발하였는데 키토산을 산성용매에 용해시켜 키토산 용액을 제조하는 단계(단계 1), 상처의 모양을 3D 스캐너를 이용하여 스캐닝 하는 단계(단계 2), 상기 스캐닝한 상처 모양 데이터를 3D 데이터로 편집하는 단계(단계 3), 상기 3D 데이터를 전송받아 3D 프린터를 통해 열가소성 폴리우레탄 재질로 지지대층을 형성하는 단계(단계 4) 및 상기 지지대층 상에 상기 키토산 용액을 전기방사하여 나노섬유를 제조하는 단계(단계 5)로 제조하여 완성하는 단계로 하였다.[14]

3D 프린팅으로 지지대층을 만드는 단계는 3D 스캐너가 환자의 상처 부위를 스캔하여 상처 모양 데이터를 추출하고 이를 실제 상처 드레싱으로 제작될 영역에 대한 데이터인 3D 데이터로 편집하며, 3D 프린터가 상기 3D 데이터를 전송받아 상기 지지대층을 형성할 수 있다.

FDM 방식을 이용하여 소재로서 열가소성 폴리우레탄의 압출가공 온도인 140℃ 내지 180℃의 온도에서 수행되었다.

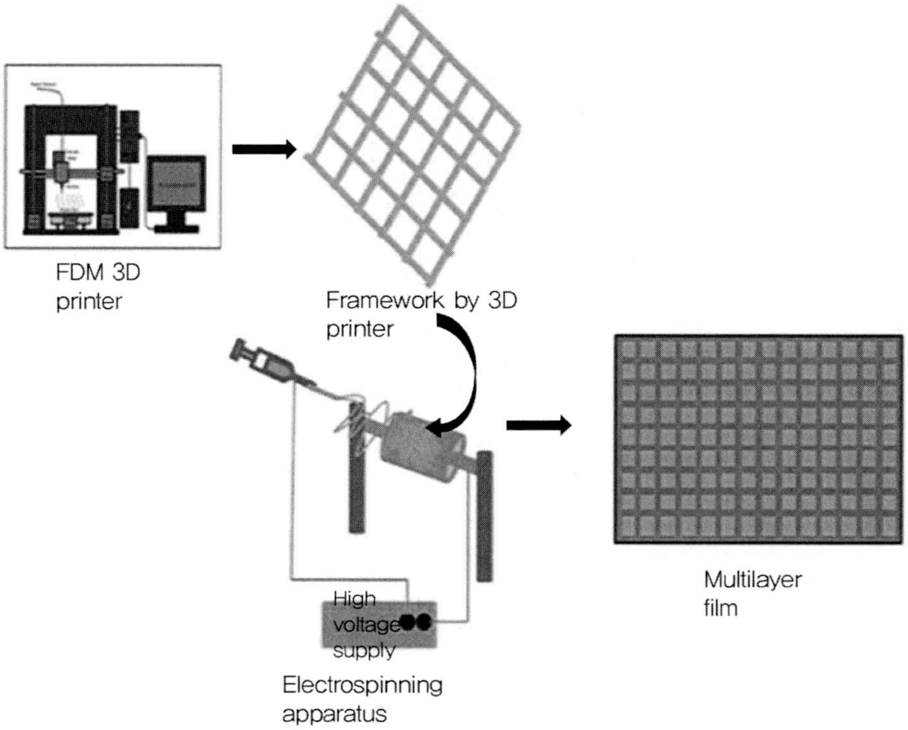

그림 10.20 상처 드레싱 제작과정[14]

이와 같이 3D 프린팅 방식으로 제조된 상처 드레싱은 피부와의 밀착성 및 공기투과도가 우수하며 외부로부터의 세균의 침투에 의한 감염을 방지할 수 있으므로, 손상된 조직의 세포를 효율적으로 재생시킬 수 있다.

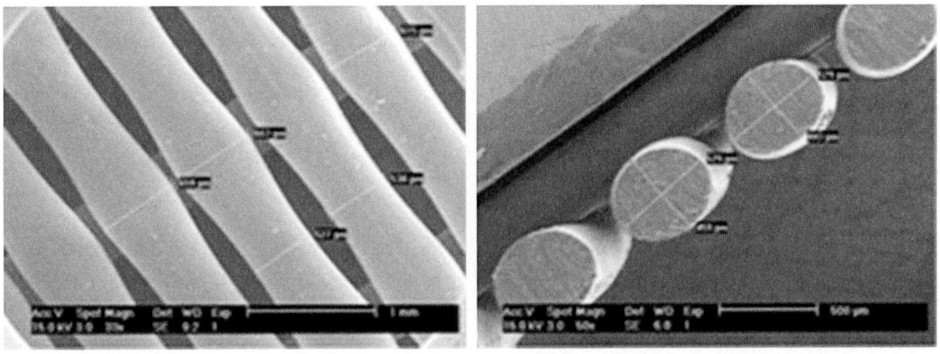

그림 10.21 3D 프린팅 된 상처 드레싱 SEM 사진[14]

참고문헌

1. 식품의약품안전평가원 '알기 쉬운 의료기기 3D 프린팅 기술의 이해' (2018)
2. 한국방사선학회 'CT 영상을 이용한 3D 프린팅으로 환자 맞춤형 대퇴골 첨삭가공' (2013)
3. https://phys.org/news/2016-06-bio-ink-d-stem-cells.html
4. https://3dprint.com/1479/3d-printed-polymer-livers-help-guide-surgeons/
5. C.M.Schumacher H.Loepfe, R Fuhrer. RSC Adv. 2014.4.16039-16042
6. https://spinalnewsinternational.com/designing-spines-innovations-in-patient-specific-3d-printing/
7. https://vistanews.ru/2015/09/11/v-ispanii-vrachi-vpervye-peresadili-pacientu-napechatannye-na-3d-printere-titanovye-rebra-i-grudinu.html
8. 만드로사 http://www.mand.ro
9. Stratasys사 http://blog.stratasys.com/2015/08/04/magic-arms-crowdfunding/
10. IRS Global '2017년 메디테크(메디컬 테크놀로지) 기술개발 실태와 시장전망' (2017)
11. https://www.news-medical.net/life-sciences/Bioprinting-An-Overview.aspx
12. 딜라이트사 http://www.delight.co.kr/p/brand/research
13. http://www.smart2zero.com/news/earable-sensor-monitors-core-body-temp
14. Huan Li[a], Jeong Seok Oh[b], Tridib Kumar Sinha[a], Jin Kuk Kim[a] Materials Chemistry and Physics 223 196-201 (2018)
15. www.dongascience.donga.com

CHAPTER 11

건축, 가구 분야

11.1 건축 분야

11.1.1 건축 분야에서의 3D 프린팅 활용

3D 프린팅 기술은 설계의 자유도, 재료손실의 최소화, 즉각적인 생산 등을 장점으로 꼽을 수 있는데 이러한 장점은 건설건축산업에도 동일하게 작용된다. 건축 분야에서 적용되는 3D 프린팅 기술은 물리적인 제약을 극복하고 자원의 손실을 최소화하는 등 현재 건설산업이 마주하고 있는 다양한 이슈에 효과적인 대안이 될 수 있어 3D 프린팅 기술을 적용한 실험적 건설 프로젝트들이 몇몇 지역에서 이루어지고 있다. 특히 3D 프린팅의 도전에서의 흥미로운 분야 중의 하나는 빌딩, 건축물 등을 프린팅으로 건축하는 작업 분야이다. 주로 도시형 빌딩 건축인데, 빌딩의 디자인에 아이디어와 디자인을 신속하게 고객에게 제시하는 데 기존의 설계도면이 아닌 축소된 모형으로 설득력 있게 상담을 할 수 있다는 점이다. 이는 기존에도 축소모형(Architecture)을 만들어 제시하였는데, 오랜 시간 동안의 수작업을 거쳐야 비로소 완성되고 구조 변경이 쉽지가 않았다는 단점을 3D 프린팅으로 개선하였다. 이처럼 디자인한 건물을 신속하게 형상을 확인하고 도색도 훨씬 간편하게 할 수 있어 전시용 모델로써 활용 가능할 뿐만 아니라 건축을 완성하는 데 시간과 비용을 훨씬 절약할 수 있다는 장점이 있다.

11.1.2 건물 건축용 프린터

(1) 카머마커(Karmer Marker)

최근 등장하고 있는 3D 프린터 가운데 이들 대형 프린터들이 주목을 받고 있다. 특히 집짓는 프린터들은 건설업계로부터 비상한 관심을 불러일으키고 있다.

네덜란드 건축회사인 두스 아키텍츠(Dus Architects)도 초대형 3D 프린터를 이용하여 암스테르담에서 운하를 따라 펼쳐져 있는 커날 하우스(Canal house)를 건축하였다.

그림 11.1 두스 아키텍츠에서 3D 프린터로 커날 하우스(canal house)를 짓는 모습[1]

네덜란드 언어로 '방 만들어주는 기계'라는 의미의 '카머 마커(Karmer Marker)'는 높이 6m 크기의 대형 프린터다. 2013년 처음 선보인 후 그 기능을 계속 업그레이드해 3D 프린터 크기를 2배로 확대했으며, 100% 자동화 시스템을 갖추고 있어 기존의 건설업체들이 하는 것처럼 건물을 지을 때 상층부에 컨트롤 룸(Control Room)을 설치할 필요도 없으며 프린터로 인쇄함으로써 골격을 만든 후 필요한 시설을 찍어내 조립하듯이 건물을 구성해 나갈 수도 있다.

3D 프린팅의 단점은 인쇄속도가 느리다는 점인데 3D 프린팅 속도도 빠르게 개선하여 시제품을 선보인 2013년 때보다 2배 이상 더 빨라졌다는 것이 관계자들의 분석이다. 3D 프린터 성능이 계속 업그레이드되면서 '커널 하우스' 프로젝트도 성공을 이어가고 있는 중이다.

(2) 빅델타(Big Delta)

이탈리어의 WASP(World Advanced Saving Project)는 높이 12m에 달하는 3D 프린터 '빅 델타(Big Delta)'를 선보였다. 지금까지 등장한 3D 프린터 가운데 그 규모가 가장 큰 것으로 평가받고 있다. 이 프린터는 진흙, 모래 등 주변에서 쉽게 발견할 수 있는 건축자재를 원료로 벽면, 천장 등을 제작해 원통 모양의 집을 지어나갈 수 있다. 특히 에너지가 적게 드는 환경친화형 건물을 지을 수 있는 강점을 지니고 있다. 이에 따라 UN에서는 이 프린터를 널리 보급, 세계 전역에 있는 저소득층 주택을 건설할 방안을 모색하고 있는 것으로 알려졌다. 현재 아시아, 아프리카, 남미 등의 저개발 국가들은 빈부 격차로 심각한 주택난을 겪고 있는 중이다.

(3) MX3D

네덜란드 스타트업인 MX3D는 강철을 원료로 다리와 교량과 같은 철골 구조물을 건축하기 위한 3D 프린터를 개발했다. 산업용 로봇 용접기를 장착한 신형 프린터로 이 회사에서는 암스테르담에서 17세기형 철골 다리를 재현하였다.

MX3D의 장점은 3D 프린터에 부착된 로봇 팔을 이용해 원하는 철골 구조물을 원하는 대로 만들 수 있다는 점이다. 건설계는 이 프린터가 철골 건물에 도입될 경우 철골 건축물 건설방식에 큰 영향을 미칠 것으로 보고 있다.

(4) VX4000

산업용 금형을 생산하는 독일 복셀젯(Voxeljet Technology)은 '적층형 몰딩 기술'을 활용해 산업용 3D 프린터 'VX4000'을 선보였다. 이 프린터는 모래 등의 건축자재를 원료로 투입해 4×2×1m 크기의 공간을 만들 수 있다.

11.1.3 건축 사례

(1) 윈선사

2015년, 중국 장쑤성 쑤저우 공업단지에서 3D 프린터로 지어진 거주용 빌라가 공개되었는데 건물은 6층 규모이며 면적은 총 1,100m^2로 바닥부터 벽까지 모두 3D 프린터로 제작되었다.

그림 11.2 중국 3D 프린팅 건축기업 윈선이 공개한 6층 빌라[2]

건물을 제작한 회사는 중국 3D 프린팅 건축기업 '윈선(Winsun)'이다. 윈선은 6층 빌라와 함께 2층으로 이루어진 호화저택도 선보였다. 건물바닥과 벽은 모두 공장에서 3D 프린터로 제작한 후 적당한 크기로 분리해 건축 예정지로 가져 왔으며 현장에서 벽과 바닥을 조립해 완성된 건물로 만든다. '윈선'에 따르면, 3D 프린터를 이용해 집을 지으면 일반적인 주택건설에서 필요한 재료의 60%를 절약할 수 있으며 시간은 기존 방식의 30% 밖에 들지 않고 노동은 80% 이상 줄어든다. 특히 3D 프린터에 들어가는 '잉크'로 콘크리트, 유리섬유, 모래 등은 물론 건축 폐기물까지 활용될 수 있다는 점이 주목받고 있다.

윈선은 3D 프린터를 이용해 하루 만에 10개의 집을 지어 속도를 증명하였는데 가로 32m, 높이 6.5m의 3D 프린터기로 집을 프린팅하였다.
이 기술은 사우디아라비아에서는 3D 프린팅 기술이 적용된 5년간 150만 채 규모의 주택사업에 활용할 예정이다.

(2) WASP사

건축용 3D 프린터로 국내에도 잘 알려진 이탈리아의 3D 프린터 전문업체 WASP가 부드러운 점토나 진흙을 사용할 수 있는 LDM(Liquid Deposition Modeling) 방식을 통한 활용 사례가 소개되어 업계로부터 주목받고 있다.

WASP는 Politecnico di Milano 대학에서 3D 프린팅 소재와 도예를 연구한 이탈리아 예술가 Francesco Pacelli와의 협업을 통해 점토 전용 압출기와 3D 프린터에 최적화된 조형물 개발에 성공했다. 작품이 흔들리지 않고 끊임없이 적층할 수 있는 출력 방식을 개발한 것인데 점토를 활용한 도예 탄생으로까지 기술이 진화됐다는 점이 단순히 점토를 활용해 형상을 만드는 예술 분야를 넘어설 수 있었다는 것은 상당히 고무적인 일로 받아들여지고 있다.

이러한 기술의 개발은 굳는 속도가 느려 3D 프린터 사용이 제한되던 패션 분야와 바이오 3D 프린팅 분야에 또 다른 가능성을 제시할 것으로 보인다.

(3) 러프버러 대학

영국의 러프버러대는 건물을 프린트할 수 있는 3층 높이의 3D 프린터를 제작하였다. 이 프린터의 원료는 콘크리트이기 때문에 실제 집과 거의 같은 모습을 가진 건물을 지을 수 있다. 물론 철근이 포함되지는 않았지만 이 역시 시간 문제일 뿐 곧 철근까지 포함할 수 있는 3D 프린터 기술 개발도 머지않았음을 보여줬다.

(4) 패시브돔

우크라이나 건축업체인 '패시브돔(PassiveDom)'은 2017년 세계 최초로 3D 프린팅 기술을 이용한 이동식 패시브하우스(제품명: 패시브돔)를 개발했다. 이번에 개발된 '패시브돔'은 태양광 패널을 사용한 친환경 이동식 집으로 연간 난방 및 냉방 에너지는 $8kW/m^2$ 미만으로 3D 프린터를 사용하여 바닥, 벽, 지붕을 제작하고 인력으로 문, 유리, 전기 시스템, 태양광 패널 등을 직접 설치하는 방식을 만들어졌다. '패시브돔'을 제작하는 데 약 8시간이 소요되며 하루 만에 배달이 가능하다. 아침에 패시브돔 모델을 선택해 주문하면 저녁에 받을 수 있다.

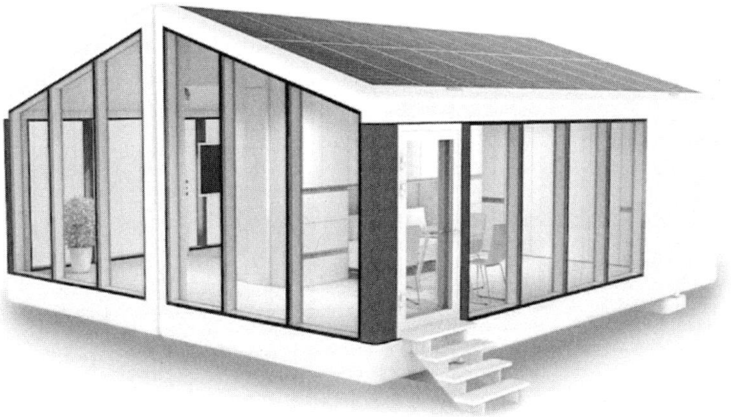

그림 11.3 3D 프린팅으로 개발한 이동식 패시브하우스, '패시브돔(PassivDom)'[3]

이동식 하우스이고 주문으로부터 설치까지 시간이 걸리지 않아 구매하기 위한 대기자가 많아 회사 측은 세계 각 지역에 공장을 설립, 글로벌 시장 공략에 나선다는 계획이다.

(5) 드 슐라프파브리크

네덜란드 럭셔리 호텔 드 슐라프파브리크에서는 3D 프린팅 기술을 활용해 친환경적인 Zero-footprint 건축 프로젝트를 발표하는데 10일 만에 건축물이 완공된다.

11.1.4 건축물 벽돌(Cool Brick)

쿨브릭(Cool Brick)은 온풍을 냉풍으로 바꿔서 실내 공간을 쾌적하게 만들어주는 3D 프린터로 만든 벽돌이다. 보통 더워지면 선풍기나 에어컨을 돌리지만 옛날에는 액체가 증발할 때 주위 열을 빼앗아 가는 기화 냉각을 이용해 냉풍을 만드는 창을 이용했다. 쿨브릭은 이런 기화 냉각 방식을 이용해 외기를 냉풍으로 바꿔 실내를 시원하게 만들어주는 특수 벽돌이다.

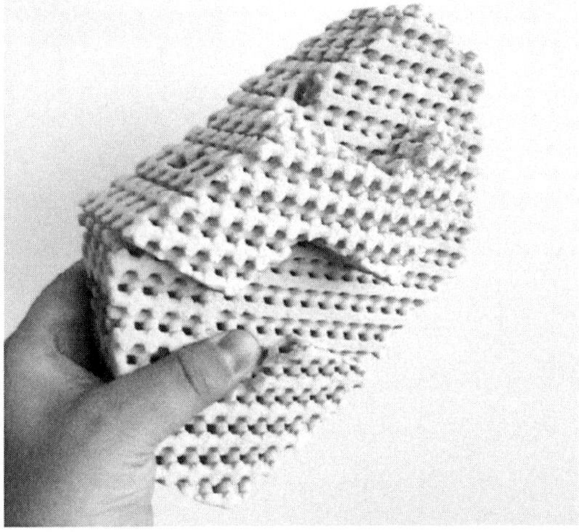

그림 11.4 3D 프린터로 인쇄한 '쿨브릭(Cool Brick)'[4]

기화, 냉각방식은 냉장고나 냉동기술이 발명되기 전까지 무려 천년 동안 사용되어 왔다. 사막 지대인 아랍 가옥에 사용된 마슈라비야(mashrabiya), 목조 격자 창살이 대표적인 예다.

3D 프린터를 이용해 독특한 건축 소재를 만드는 이머징오브젝트(Emerging Objects) 회사는 이런 마슈라비야 등에서 영향을 받아 냉각 효율을 높인 새로운 소재인 쿨브릭을 개발하였는데 쿨브릭은 다공성 세라믹을 사용한 벽돌이다. 마치 스펀지처럼 물을 흡수하는 반면 공기를 통과하도록 설계된 것으로 공기가 통과할 때 내부에 보관되어 있던 수분이 미세한 구멍에서 바람을 타고 실내로 들어가 기화 냉각으로 온도가 떨어지게 되고 시원한 바람으로 바뀌게 되는 것이다.

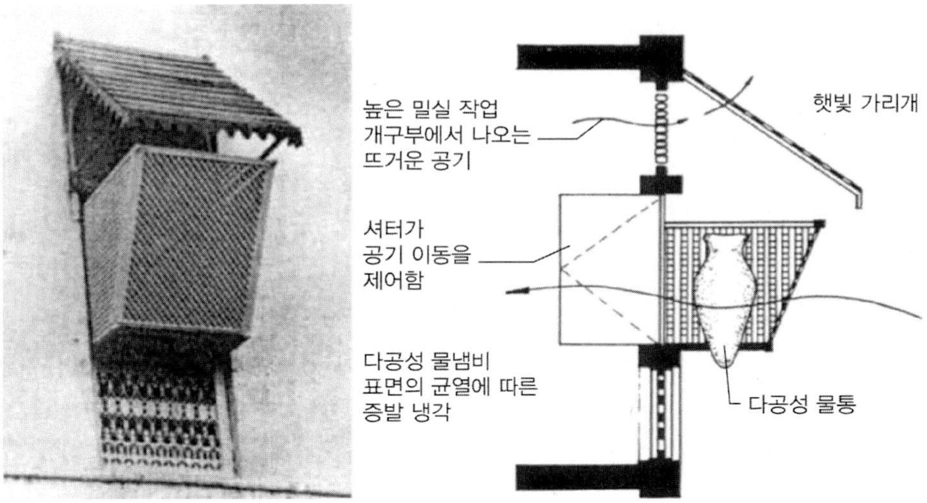

그림 11.5 쿨브릭의 원리[5]

쿨브릭은 블록끼리 연결할 수 있게 표면에 요철이 퍼즐처럼 위치하고 있어 단단하게 접착할 수 있고 울퉁불퉁한 모양새 덕에 차양효과를 갖췄다. 표면온도를 떨어뜨릴 뿐 아니라 강렬한 햇빛에도 소재에 열화 현상이 발생하지 않는다. 창문이나 거푸집이 필요 없어 이론상으론 건조한 기후라면 쿨브릭으로 집을 만들어 자연 냉각 시스템을 이용할 수 있다.

11.2 가구 분야

박물관이나 미술관은 가치 있는 진품의 도난방지에 상당히 많은 노력을 기울인다. '겟 모델스 나우(Get Models Now)'는 골동품이나 고가구 등 역사적인 가치가 있는 물건들을 전문적으로 복제해주는 업체로 최근에는 첨단 3D 프린터를 이용해 진품을 미니어처로 제작하여 도난 등을 방지하고자 하였다. 폴란드 포즈난에 있는 국립박물관 산하 응용미술박물관(The Museum of Applied Arts) 측은 겟 모델스 나우 측에 바로크 시대, 로코코 시대의 실내 인테리어나 고가구들을 미니어처로 제작하여 전시하는 데 활용하였다.

겟 모델스 나우 측은 3D 프린터를 활용해 전통가구와 인테리어의 소품 제작으로 사업 영역을 확대하였다. 사용된 장비는 Z모프 2.0 SX 멀티툴 3D 프린터이다.

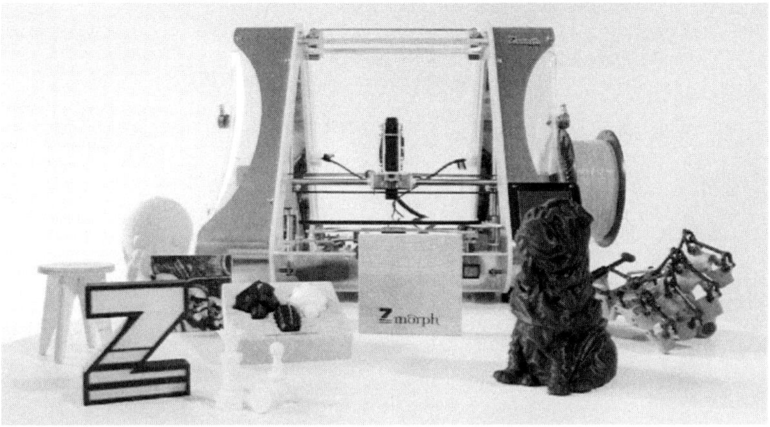

그림 11.6 Z모프의 2.0 SX[6]

소형뿐 아니라 실제 건축에도 가구들을 3D 프린터로 제작하여 건축물뿐만 아니라 건축물 안에 어울리는 가구 등을 만들어 내장할 수 있는 3D 프린터가 등장하였다.

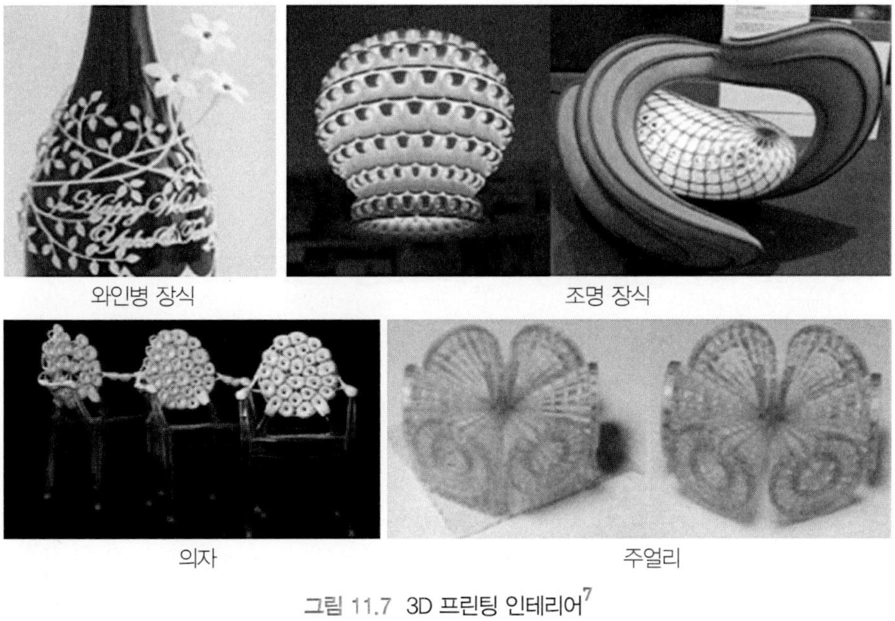

와인병 장식 조명 장식

의자 주얼리

그림 11.7 3D 프린팅 인테리어[7]

스타트업 빅레프(BigRep)에서 개발한 '빅레프 원V3(BigRep One V3)'는 건축물 내부 공간에 들어갈 테이블, 창틀, 장식품 등 다양한 인테리어 용품 제작, 설치가 가능하게 하여 건설계는 이 스타트업이 건설용 가구시장을 새로 개척했다는 평을 하고 있다. 현재 '빅레프 원 V3'는 대당 44만 7,000달러에 판매되고 있다.

건설시장에 3D 프린터가 도입되고 있다는 것은 매우 중요한 의미를 담고 있는 것은 매우 보수적인 건설 패턴을 바꾸어 놓을 수 있다는 가능성 때문이다. 건물을 짓는 방식이 더 세밀해지고, 결과적으로 더 다양한 건축물들이 등장할 것으로 예상되고 있어 세계 건축문화에 큰 변화가 일어날 것으로 예상된다.

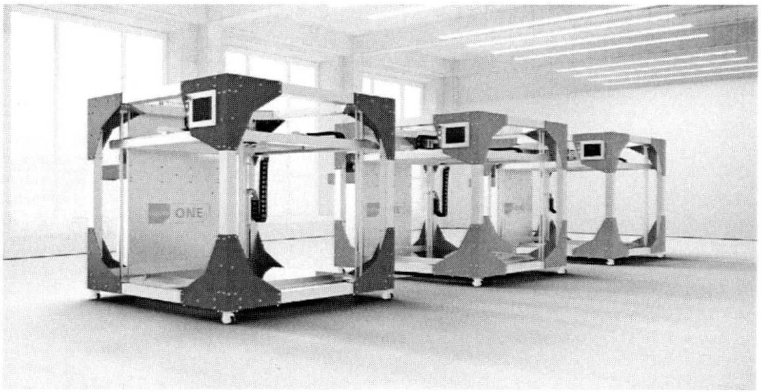

그림 11.8 빅레프 원V3(BigRep One V3)[8]

11.3 3D 프린팅을 활용한 레스토랑 '푸드잉크'

2016년 영국 런던에 가구, 주방도구 등의 모든 것들이 3D 프린터로 인쇄하고 손님들에게 제공되는 음식까지 모두 3D 프린터로 인쇄해 제공하는 레스토랑이 소개되었다. 영국 런던에서 팝업 스토어 형식으로 운영됐던 3D 프린팅 레스토랑의 이름은 '푸드잉크'이다. 이 식당 문을 들어서면 레스토랑에 있는 의자나 테이블, 포크와 나이프, 손님에게 제공되는 음식까지 3D 프린트를 활용하여 제작하였다. 음식들은 3D 프린터로 인쇄된 다음 요리사의 손을 거쳐 손님에게 제공된다. 음식 재료들이 3D 프린터를 통과하면 잉크 형태로 모양이 바뀌고 이 재료들이 층층이 쌓이면서 요리가 되는 방식이다. 음식은 9가지 코스 메뉴로 구성되어 있으며 음식이 프린트되는 동안 손님들이 자세히 볼 수도 있다. 이 레스토랑은 푸드잉크와 3D 프린터 제조업체 바이플로우가 협력해 만든 것인데 손님에게 제공되는 음식을 인쇄하는 데 바이플로우의 3D 프린팅 기술이 나이프, 포트 등 주방 식기들은 스페인 바르셀로나 기업인 BSN3D 테크놀로지가 맡았다. 레스토랑의 의자, 테이블 등의 각종 가구 등은 건축학자 마무매니(Mamou-mani)가 3D 프린터를 통해 디자인했다.

그림 11.9 푸드잉크, 레스토랑의 메뉴 이미지[7]

이와 같은 음식에의 3D 프린팅 활용은 초콜릿 부분에서부터 중국의 전병까지 다양하게 이용되고 있다.

Chocolate Gum/Candy Food paste Pasta

그림 11.10 다양한 푸드 3D 프린팅[7]

스페인의 '노바미트'는 식물성 단백질을 이용하여 소고기와 닭고기 식감을 가진 스테이크를 3D 프린팅하는 데 성공하였다고 2018년에 발표하였다. '노바미트'는 쌀, 완두콩, 해조류 단백질을 이용하여 실제 고기처럼 붉은색을 띠는 반죽소재로 사용하였다.

여기에는 세포조직 공학기술이 접목되어 활용되었으며 스테이크 100g을 출력하는 데 30분이 소요되었다. 또한 미국의 '비헥스'는 6분 안에 피자 한 판을 3D 프린팅으로 만들어 내는 기술을 선보였다.[9] 이와 같은 음식제조용 푸드 3D 프린팅이 학교교육에 이용되면 피교육자들의 흥미를 유발시켜 교육의 효과가 상승될 것으로 전망된다.

참고문헌

1. 두스 아키텍츠사 https://inhabitat.com/worlds-first-3d-printed-house-under-construction-in-amsterdam/

2. 윈선사 https://3dprint.com/38144/3d-printed-apartment-building/

3. 패시브돔사 https://cgstandard.com/newsroom-3d-architectural-renderings-studio/3d-printed-passivdom

4. https://inhabitat.com/interlocking-3d-printed-ceramic-polybricks-snap-together-like-legos/3d-printed-polybrick-1/

5. http://www.emergingobjects.com/2015/03/07/cool-brick/

6. Z모프사 https://zmorph3d.com/products/zmorph-2-0-sx

7. 한국생산기술연구원 – 3D 프린팅 기술 트랜드 및 플라스틱 부품 응용 사례

8. 빅레프사 https://bigrep.com/bigrep-one/

9. 2018.12.13. 일자 조선일보

CHAPTER 12

의류, 패션 분야

12.1 3D Printing 의류, 패션, 신발 분야 활동 동향

3D 프린터를 활용한 산업 중 우리 실생활과 가장 밀접한 관계를 가진 분야는 의류, 신발, 액세서리 등 패션 부문이다. 금속용 3D 프린터가 개발됨에 따라 3D 프린터를 사용해 만든 반지와 목걸이 등은 인터넷이나 귀금속 상점에서도 어렵지 않게 볼 수 있고, 또 차량 주차 시 사용하는 전화번호판이나 3D 스캐너를 활용한 전신 캐릭터 상품도 등장하였다. 3D 프린팅 기술의 보급화가 진행되었다고 하나 아직 3D 프린팅은 의류, 패션 분야의 접근이 용이한 기술은 아니지만 향후 문제점들을 극복하여 의류나 신발에서는 몸의 균형이 맞지 않아 옷이 치수가 맞지 않는 사람 또는 개성이 강한 이들을 위한 전 세계에 단 한 벌뿐인 '나만의 옷', '나만의 신발'을 제작해 입을 날도 머지않았다. 이와 같이 자신만의 디자인을 구현할 수 있는 점에서 3D 프린팅 기술과 패션산업의 접목

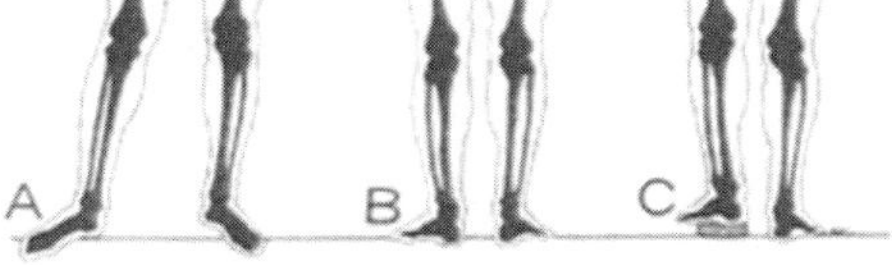

그림 12.1 3D 스캐너를 통한 맞춤형 의류 제작[1,2]

은 많은 이슈가 되고 있으며 화장품과 주얼리에 이르기까지 다양한 분야에서 지속적인 시도가 이루어지고 있다.

12.2 의류

산업용 물건을 만드는 데에만 쓰이는 줄 알았던 3D 프린터가 고급 패션 브랜드 샤넬에서도 활용하기 시작하여 2015/16에 겨울 '오트 쿠튀르(Haute Couture)쇼'를 3D 프린터로 찍어낸 '3D 컬렉션' 60여 벌을 전시하여 전통적 노하우와 첨단 기술의 진정한 결합을 보여주었다.

샤넬은 폴리염화비닐(PVC), 특수 세공을 곁들인 금속사(루렉스), 합성고무(네오프렌), 실리콘, 심지어 콘크리트 등의 소재를 선택적 레이어 소결 방식(SLS)에 적용했다. 3D 프린터에서 미리 입력된 설계도에 따라 잉크 대신 분말 형태의 원료를 뿌리고, 동시에 원하는 부분만 레이저를 쏘아 재료들을 굳히면서 입체적으로 쌓아 나가는 방식을

CHANEL

그림 12.2 3D 프린팅을 이용한 의류[3,4]

사용하였다. 제작된 의류는 젊은 층들 사이에 공장지대, 산업화 시대 느낌을 주는 인더스트리얼 스타일(Industrial style)이 유행에 따라 제작되어 좋은 평을 받았다.

네덜란드 디자이너 '이리스판 헤르펀'은 종이처럼 얇은 나일론을 겹겹이 덧대 물결치는 듯한 치마를 만들었고, 모델의 몸을 3D 스캐너로 본뜬 뒤 3D 프린터로 패턴을 만든 속옷 브랜드 '빅토리아 시크릿'을 3D 프린터로 제작되었다.

2015년 수영을 하면서 물속의 오염물질을 깨끗하게 정화해주는 수영복이 개발되었다.[5]

그림 12.3 스펀지 비키니[5]

이 수영복은 UC리버사이드 대학과 디자인 회사 '에레이 카바조(Eray Carbajo)'와 협업을 통해 최근 환경친화적인 '스펀지 비키니(Sponge Vikini)'를 선보여 웨어러블 기술 경진대회인 리쉐이프15(Reshape 15)에서 최고상을 수상했다. 이 비키니는 우선 바닷물 속의 오염물질을 흡수할 수 있는 다공성 탄소소재로 만들어서 가볍고 유연하여 물을 제외한 모든 물질을 흡수할 수 있는 특징을 지니고 있다. 흡수력도 뛰어나 밀도에 따라 무게의 25배 이상을 흡수할 수 있는 물질을 3D 프린터에 투입해 스펀지 형태로 만들어 수영복에 끼워 넣을 수 있도록 제작하였으며 무게가 가벼워 비키니 무게에 큰 영향을 미치지 않아 착용감에 불편을 느끼지 않게 하였다. 핵심소재인 스펀지는 수영하고 있는 중에도 흡수성을 잃지 않고 20번 이상 재사용하는 것이 가능하고 스펀지 내부에 흡수된 오염물질은 1,000℃ 이상의 온도로 가열되기 전까지 밖으로 방출되지 않아 신체와의 접촉을 걱정할 필요가 없다. 설탕과 탄소소재로 만든 스펀지 1g당 비용은 약 15센트로 매우 저렴한 편이어서 제품경쟁력이 높을 것으로 전망되었다.

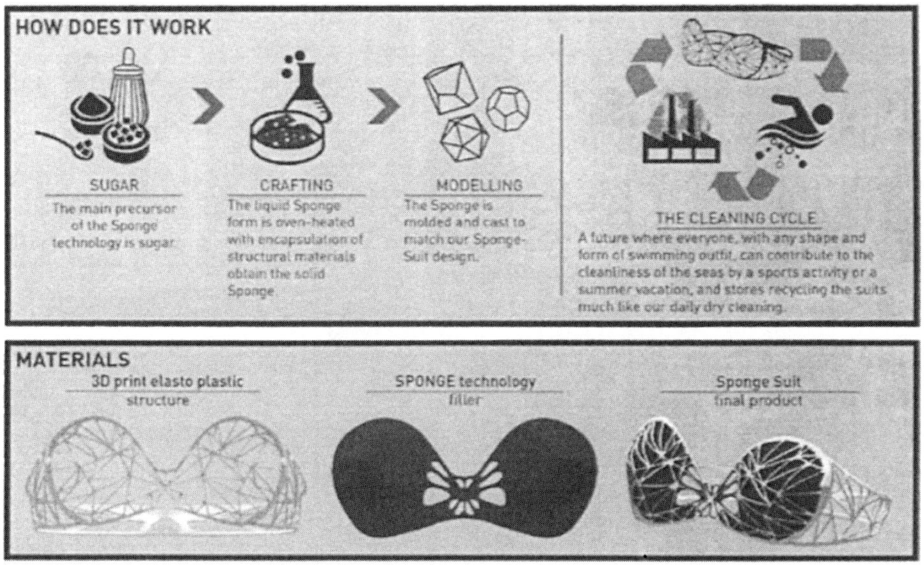

그림 12.4 3D 프린터에 신소재를 이용한 '스펀지 비키니' 제조공정[5]

3D 프린팅을 이용하여 의류를 제작할 때 직물과 매우 유사하게 만들 수 있는 방법이 소개되었는데 'Electroloom' 회사는 크라우드 펀딩 플랫폼 '킥스타터(Kickstarter)'를 통해서 직물을 출력할 수 있도록 세계 최초의 3D 직물 프린터를 제작했다. 제조 방법은 **그림 12.5**에서 볼 수 있듯이 먼저 CAD 프로그램을 이용하여 3D 금형 디자인을 설계한 뒤, 액체 섬유액을 전기를 이용하여 금형에 고르게 안착시키는 방법을 고안했다. 이 방법은 기존의 의류를 생산할 때에는 바늘 또는 재봉이 필요하지만 'Electroloom'을 이용하면 출력된 옷을 금형에서 제거하면 바로 입을 수 있다. 이러한 이유로 기존 섬유제조 공정을 줄일 수 있고 비용을 아낄 수 있는 장점을 가지고 있으며, 기존 3D 프린터는 직물이 딱딱하다는 단점이 있었지만 'Electroloom'은 기존 직물과 같은 특성을 가지기 때문에 제작의류 착용감의 불편함을 없앨 수 있었다.

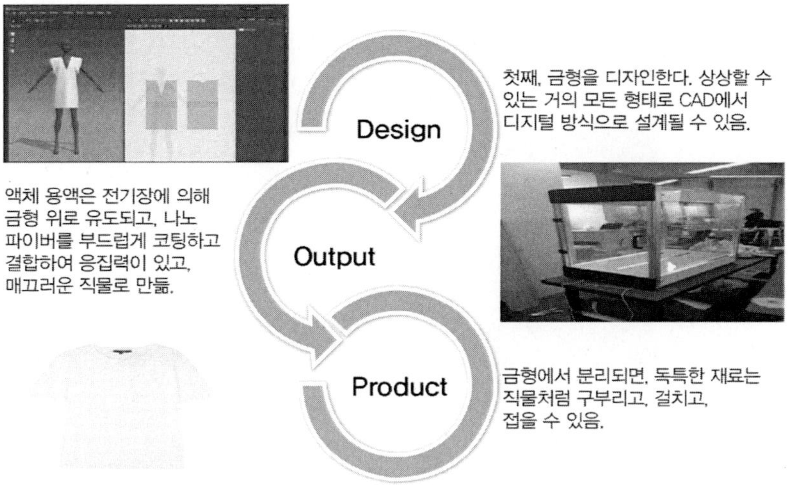

그림 12.5 'Electroloom' 3D 프린터를 이용한 의류 제조공정[6-8]

12.3 신발

신발업계는 최근 제품개발 싸이클이 매우 짧아졌으며 제품 출시한 모델의 여러 가지 재료의 컨셉디자인 확인이 필요하여 디자인 검증 및 기능성 테스트를 위한 정확한 모델을 구현하기 위하여 3D 프린팅 기술을 도입하였다. 이로 인하여 신제품 출시 기간이 단축되었으며 다자인 초기단계에서 제품의 최적화되었다. 이러한 이유로 나이키, 아디다스 등 글로벌 회사들은 경쟁적으로 3D 프린터로 신발을 생산, 기획하였다.

(1) 아디다스 퓨처크래프트(Futurecraft 3D) 맞춤형 신발

① 2016년 최근 아디다스는 3D 프린터를 이용한 맞춤형 운동화 개발 프로젝트인 '아디다스 퓨처크래프트 3D(Adidas Futurecraft 3D)'를 공개했다. 퓨처크래프트 3D는 신발의 모든 부분을 3D 프린터로 뽑아 각각을 결합해 완전한 운동화를 만든다는 개념이다.

그림 12.6 아디다스 퓨처크래프트(Futurecraft 3D) 맞춤형 신발[9]

신발은 디자인뿐만 아니라 발과 발목의 보호성능과 착용감도 뛰어나야만 한다. 이를 위해 '퓨처크래프트 3D'는 특성이 다른 2대의 3D 프린터를 선택하였는데 먼저, 신발의 바닥 부분에 해당하는 미드솔(Midsole)은 고기 잡는 그물망에 사용되는 폴리에스터와 길넷(Gillnets)을 재활용한 소재를 활용해 3D 프린터로 만들었다. 섬세한 그물망이 촘촘하게 결합된 구조로 디자인된 미드솔은 매우 가볍지만 내구성과 탄력성이 훌륭하고, 고온에서도 변형되지 않으며, 내 마모성 실험에서도 훌륭한 결과를 얻었다. 또한, 패브릭으로 만들어진 신발의 덮개 부분은 재봉틀과 비슷하게 생긴 직물 3D 프린터를 이용해 만들었다. **그림 12.7**의 이미지에서 볼 수 있는 것처럼 이 3D 프린터는 오버로크(Overlock) 방식과 비슷한 방식으로 실을 한 땀 한 땀 엮어 직물을 통째로 만들어낸다. 영국의 디자인 전문기업 '알렉산더 테일러 스튜디오(Alexander Taylor Studio)'와 협업을 통해 진행되고 있는 아디다스 퓨처크래프트 3D프로젝트는 목표는 바로 특별한 개인을 위한 '맞춤형 신발'을 개발하는 것이다. 물론 현재 이 프로젝트를 통해 공개된 신발이 완벽하다고 볼 수는 없다. 아직 기존 신발을 대체할 수 있는 수준은 아니기 때

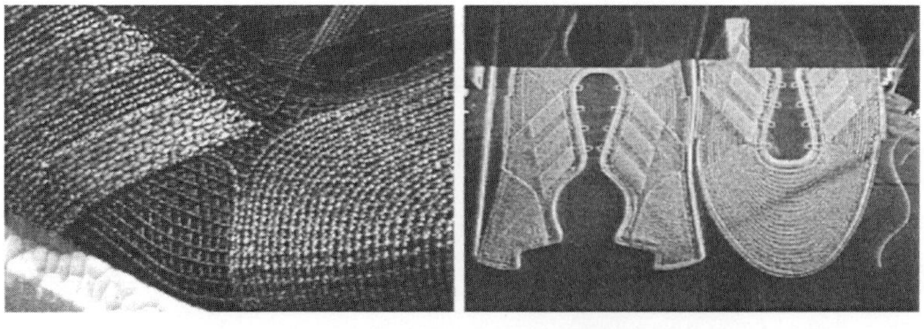

그림 12.7 3D 프린터를 이용한 신발 덮개 부분[10]

문이다. 그러나 머지않아 사람들이 집에서 3D 프린터로 신발을 직접 만들어 신는 날이 곧 올 것으로 기대된다.

② Carbon이 함유된 신발 'Futurecraft 4D'

운동용품 제조업체인 아디다스(Adidas)와 3D 프린터 제조업체 'Carbon (구. Carbon 3D)'이 3D 프린팅을 이용하여 운동화를 대량 제작하겠다는 계획 하에 한 켤레에 $300인 스니커즈를 한정판으로 출시하였다. 'Futurecraft 4D'라 이름 붙인 3D 프린팅 스니커즈는 신발에서 충격을 흡수하는 부분인 '미드솔(midsole)'만이 3D 프린팅으로 만들어졌다. 미드솔 이외의 부분은 고객 맞춤(customization)의 장점이 크지 않기에 미드솔부터 시작한 것으로 생각된다. 미드솔을 3D 프린팅으로 만들면 고객의 발 모양이나 신발의 용도에 따라 디자인을 조금씩 바꾸어 제작할 수 있다는 장점이 있다. 예를 들어, 신발 사이즈가 같더라도 몸무게 50Kg인 고객과 90Kg인 고객에게 필요한 미드솔의 디자인은 다를 것이다. 또한, 달리기를 많이 하는 사람 혹은 가벼운 산책을 주로 하는 사람, 혹은 매장에서 오랜 시간 서 있어야 하는 고객의 필요에 따라 쿠션을 딱딱하거나 푹신하게 만들 수 있고, 앞부분은 딱딱하게 하고 뒷부분은 푹신하게 하는 등 다양한 디자인의 미드솔 제작이 가능한 것이다.

이러한 뚜렷한 장점에도 불구하고 3D 프린팅으로 과연 대량제조가 가능할 것인가 하는 의문은 항상 있어 왔다. 기존의 3D 프린터들은 대부분 디자인 아이디어를 싼 가격에 빨리 시제품화(prototyping)하는 데는 유용하지만 대량제조를 하게 되면 소위 'Scale up'이 되지 않기 때문에 가격 경쟁력을 잃어버리게 되기 때문이다. 하지만, Carbon의 기술은 기존의 3D 프린팅 방법에 비해 최소 10배 이상 프린팅 속도를 개선하여 'Design → Prototyping → Tooling → Production'에서 Prototyping과 Tooling을 건너뛰고 Design에서 바로 Production이 가능한 workflow를 구현하려는 시도를 하고 있다. 그래서 회사 홈페이지 첫 화면에 나오는 모토도 'Stop Prototyping, Start Producing(시제품을 만들지 말고 바로 생산하자)이다. 즉 '다품종 소량생산'을 넘어 '다품종 대량생산'이 가능하게 되는 것이다.

2017년 12월에는 아디다스, GE 등으로부터 $200 million(한화 약 2천억 원)의 투자를 유치하였는데, 아디다스와 Carbon은 올해 5천 켤레 시험 생산에서 수십만 켤레의 3D 프린팅 신발을 생산하는 단계까지 도달한 후, 백만 개 이상까지 생산 가능하도

그림 12.8 아디다스 3D신발

록 스케일 업하겠다는 계획을 세운 것으로 알려졌다. 조만간 300달러 이하의 가격에 내 발에 꼭 맞는 3D 프린팅 신발을 제공받을 수 있을 것이다.

(2) 나이키의 모듈화 신발

나이키는 신발업계의 선두주자로서 3D 프린팅 기술을 활용한 신발 제작에 심혈을 기울이고 있다. 일례로 밑창과 스파이크를 한 묶음으로 제작한 축구화를 선보였다.(**그림 12.9**) 3D 프린팅 축구화는 밑창의 무게가 158g으로 초경량으로 제작되어 기존 축구화보다 가벼워 선수들이 더 빨리 뛸 수 있도록 도움을 준다. 또한 3D 프린팅으로 제작하여 디자인을 보다 빠르게 적용할 수 있다는 장점을 가지고 있다.

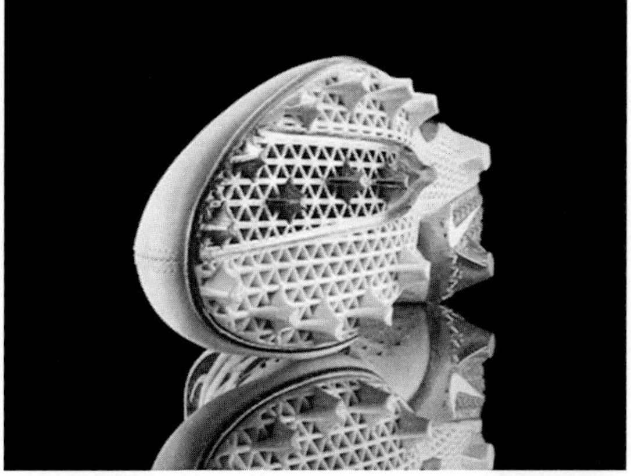

그림 12.9 3D 프린터를 이용한 축구화 제작[11]

(3) 리복 '스니커즈'

글로벌 브랜드 리복은 최근 상용화를 목표로 한 3D 프린팅 '스니커즈'를 공개하였다. 리복에 따르면 향후 미국 내 자체적인 생산라인을 갖추고 본격적인 상용화를 할 예정이다. 리복은 향후 점진적으로 신발 제품 라인을 3D 프린팅 프로세스로 전환할 계획이라고 밝혔다. 이를 위해 미국 로드 아일랜드 주에 3D 프린팅 공장을 건설하고 있다.

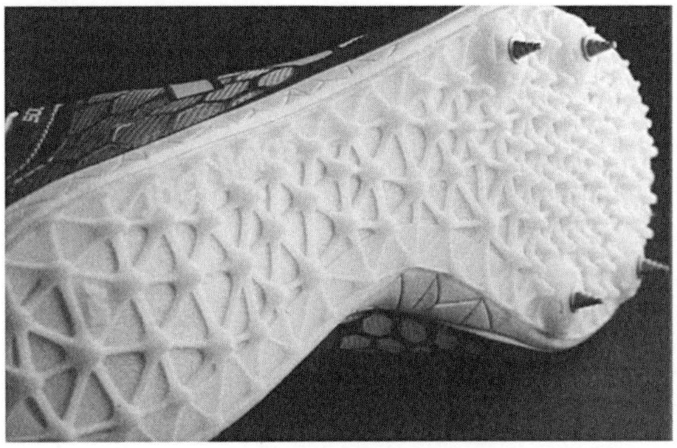

그림 12.10 3D 프린터로 제작된 리복의 '뉴발란스' 맞춤형 런닝화[12]

(4) 뉴발란스 신발 'Zante Generate Shoes'

미국 보스턴에 위치한 운동화 제작회사 '뉴발란스'는 지난 2016년 'Zante Generate Shoes'를 발표하였는데 신발은 중창(midsole) 전체가 3D 프린터로 출력된 제품이다. 처음에는 이 제품을 제작하기 위해 뉴발란스는 3D Systems와 협력하였는데 그 이후 뉴발란스는 더 나은 발전을 위해 또 다른 3D 프린팅 회사 폼렙스(Formlabs)와 협업을 시작했다.

가장 최근에는 폼랩스와의 협업에 뒤이어 러셀 피넥스(Russel Finex)와 협업도 발표했는데 러셀 피넥스는 각종 재료의 체분리와 여과를 전문으로 하는 기업이다.

기존의 방식이 SLS 3D 프린팅 기술에 'Durafoam TPU Elastomer(탄성 복합체)'라는 3D 시스템즈에서 제공한 가루 소재를 활용한 것이었기 때문에 기본적으로 생산과정에서 분말들을 준비, 제거하거나 재활용해야만 하는데 '뉴발란스'는 이번 협업을 통해 그 과정을 보다 효율적으로 할 수 있게 됨으로써 높은 공정 효율을 달성할 수 있게 되었다.

그림 12.11 3D 프린터로 제작된 Zante Generate Shoes[13]

(5) 친환경 신발 '오션 플라스틱'

바다에 버려진 플라스틱은 생분해되지 않고 반영구적으로 남아 오염물질이 될 뿐 아니라 잘게 부서진 플라스틱 입자(미세플라스틱)는 플랑크톤과 작은 물고기에 들어가 궁극적으론 인간의 체내로 들어가 결국 건강에 피해를 줄 위험성이 지적되고 있다. 이런 해양 플라스틱 오염 문제 해결을 목적으로 스포츠용품 업체인 아디다스가 해양 플라스틱을 재활용해 3D 프린터로 출력한 컨셉트 신발인 3D 프린트 '오션 플라스틱(3D-Printed ocean plastic)'을 2015년 프랑스에서 열린 COP21 기간 중 발표한 바 있다. 또한 환경단체인 팔리포더오션(Parley for the Oceans)과 공동으로 해양플라스틱 문제 해결을 위해 2015년 6월 미국에서 열린 기후 변화 문제를 논의하기 위한 행사(Oceans. Climate. Life) 기간 중 해양 플라스틱을 재활용하는 신발을 발표한 바 있다. 이 컨셉트 모델은 바다에서 회수한 폐플라스틱이나 어망을 재활용한 것이다. 또한 충격을 흡수하기 위한 미드솔 부분을 폐플라스틱 원료로 3D 프린터로 출력했다.

그림 12.12 아디다스에서 선보인 '3D 프린트 오션 플라스틱'[13]

이 제품은 아직 컨셉트 모델이지만, 아디다스는 실제로 이들 해양 폐플라스틱을 재활용한 소재로 이뤄진 신발 판매를 계획 중이라고 한다.

12.4 보석, 시계

네덜란드 디자이너 Michel Holthinrich는 벨기에의 '머터리얼라이즈사'와 협력해 3D 프린팅을 활용한 손목시계를 상용화하였는데 금속 3D 프린터를 통해 외형을 제작하고 밀링머신 및 수작업을 거쳐 최종적으로 완성되었다. 현재까지는 수작업으로 제작된 제품에 미치지 못하지만 3D 프린팅을 통해 상용화가 가능한 제품을 선보였다는 점에서 의미를 가진다.

그림 12.13 3D 프린팅 시계[14]

뿐만 아니라 3D 프린터 시스템을 활용한 애플워치 손목밴드를 만들 수 있다. 3D Systems 업체와 FreshFiber 업체가 3D 프린터된 애플워치 손목밴드 컨셉 이미지를 선보였다.

나일론 재질을 사용한 SLS(3D Systems' Selective Laser Sintering)인 'Everlast(에버라스트)'를 이용해 프린트한 애플워치 손목밴드가 웹사이트를 통해 제작이 가능하

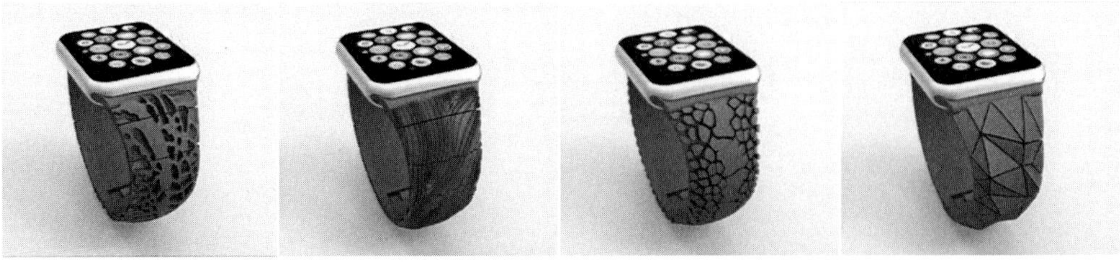

그림 12.14 3D 프린터로 인쇄한 애플 워치 손목밴드[15]

다고 한다. 3D Systems은 이미 'Nooka' 시계 손목밴드를 교체할 수 있는 밴드를 제작한 경험이 있으며, 확신할 수는 없지만 가장 저렴한 애플 워치인 스포츠 모델을 구입해서 자신만의 독특하고 세련된 손목 밴드를 구축할 수 있을 것으로 기대된다. 3D 프린팅 기술은 정교하지 모한 것이 단점으로 지적되었는데 3D 프린터로 정교한 시계의 톱니바퀴를 제조하여 출시하였다.(**그림 12.15**)

이와 같이 정교함은 보석(금. 은)을 개인취향에 맞게 설계하여 3D 프린팅하는 기술이 출현하였다.(**그림 12.16**)

그림 12.15 3D 프린터로 인쇄한 시계 톱니바퀴[16]

그림 12.16 3D 프린터로 인쇄한 보석류

12.5 펠트 인형(Felt Doll)

미국 디즈니 연구소가 양털 등 소재로 만든 펠트 천을 재료로 물건을 만드는 3D 프린터를 개발하여 첫 작품으로 폭신폭신한 토끼를 만드는 장면을 공개했다. 기존의 3D 프린터의 주요 재료였던 플라스틱이나 금속에서 탈피, 유연성 소재까지 범위를 확대한 것이어서 주목된다.

동영상에서 3D 프린터는 빨간색의 펠트천을 이용해 인형 제조법 입력 데이터에 따라 인형 모양의 부위별 형태를 한 겹(장)씩 레이저광으로 절단해 여러 겹으로 쌓는 제조과정을 보여주었다.

프린팅이 끝난 뒤 각 겹에 절단 부위대로 불필요한 천을 떼어내자 토끼 인형 모습이 드러났다. 손가락으로 누르자 펠트천의 특성대로 신축성 있게 압축되고 손을 떼면 다시 원래 모습대로 돌아왔다. 토끼 모양은 기대한 만큼 정교하지 않았지만, 특수재질이 아닌 일상생활에 흔히 쓰이는 펠트천을 사용한 3D 프린팅 제품이라는 점에서 의미를 부여할 수 있다.

다만, 레이저를 이용해 펠트천을 잘라 내는 일차적 과정이 2차원(2D) 프린팅이라는 점, 한 겹의 프린팅 결과를 여러 겹으로 접착제를 붙여 3차원의 입체감을 살린다는 점에서 '완전한 의미의 3D 프린팅 제품인가'라는 의문을 갖게 하지만 디즈니 연구소의 펠

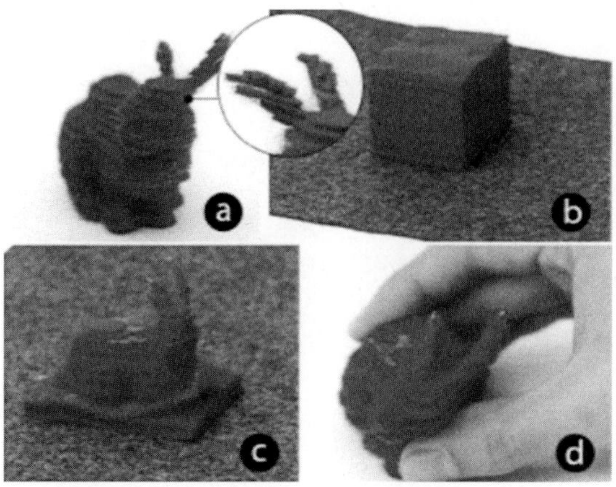

그림 12.17 3D 프린터로 인쇄한 펠트 토끼 인형[17]

트 천을 이용한 이번 3D 프린팅 결과물은 기존 플라스틱, 금속 같은 재료의 한계성을 극복했다는 것과 경직성 재료로는 구현할 수 없는 제품 변형을 구현했다는 점 등에서 혁신성을 이뤄낸 것으로 평가받는다. 실제로, 디즈니 연구소는 여러 겹 가운데 한 겹을 전류가 통하는 전도체로 만들면, 펠트로 된 터치 센서나 손가락으로 건드리면 반응하는 펠트 제품을 만들 수 있을 것으로 전망했다. 즉, 연구자들은 전류가 통하는 코일을 배치하는 방법을 이용해 근거리 통신(NFC) 기능을 지원하는 스마트 폰으로부터 무선으로 전력을 공급받는 펠트 스마트폰 케이스도 제작이 가능할 것으로 전망하고 있다.

12.6 Lost Luggage 프로젝트

여행을 떠날 때 짐을 싸는 데 드는 비용과 시간이 적지 않다. 그래서 핀란드 디자이너인 Janne Kyttanen은 여행을 갈 때 아무것도 챙길 필요 없이 이메일로 짐을 보내는 것을 제안하였다. 짐을 비트와 바이트로 압축할 수 있고, 3D 프린터를 통하여 짐을 인

그림 12.18 Lost Luggage 프로젝트로 인쇄한 의류 및 잡화[18]

쇄할 수 있음을 보여주었다. 즉 'Lost Luggage' 프로젝트는 다른 곳으로 갈 때 짐을 포장하지 않고, CAD 프로그램을 이용하여 자신이 원하는 물품을 설계해서 이메일로 보내면 3D 프린터에서 출력해서 의류 및 잡화를 이용할 수 있어 여행에서의 편리함과 향후 기술의 발달로 비용을 최소화할 수 있을 것으로 전망된다.

참고문헌

1. http://aromakim.tistory.com/6
2. https://www.3dnatives.com/en/top-10-low-cost-3d-scanners280320174/
3. https://namu.wiki/w/%EC%83%A4%EB%84%AC(%EB%B8%8C%EB%9E%9C%EB%93%9C)
4. http://news.chosun.com/site/data/html_dir/2015/08/26/2015082600126.html?Dep0=twitter&d=2015082600126
5. http://www.rptech.co.kr/201605191-2/
6. https://www.pinterest.com/pin/250020216791551856/
7. https://xyzist.com/issue/
8. http://www.topten10.co.kr/product/view.asp?productNo=31631
9. https://blog.solidthinking.kr/2016/05/13/171/
10. http://bizion.com/bbs/board.php?bo_table=tech&wr_id=226
11. http://www.designsori.com/so/608235
12. http://magazine.hankyung.com/apps/news?popup=0&nid=01&c1=1001&nkey=201605160106800061&mode=sub_view
13. http://m.danawa.com/dpg/news/view?boardSeq=60&listSeq=3083979
14. http://www.3dprintingkorea.co.kr/fsboard/fsboard.asp?id=magazine&mode=view&idx=1371&ctgrstr=PRODUCT&page=3

15. http://m.danawa.com/dpg/community/view?listSeq=2867250&boardSeq=202&past=YES

16. https://paprika3d.com/page/view.php?idx=dxkMmJ

17. http://www.econovill.com/news/articleView.html?idxno=242376

18. https://www.youtube.com/watch?v=s5qHF7Kvaik&feature=youtu.be

19. http://www.3ders.org//articles/20160411-new-balance-sell-3d-printed-zante-generate-shoes-ahead-of-boston-marathon.html

CHAPTER 13

로봇 분야

13.1 로봇의 발달사

로봇은 1961년 'UNIMATE'라는 산업용 로봇으로 시작하여 로봇 팔(Robot arm)로 산업체에서 자동생산라인으로서 역할을 하였다. 사람처럼 움직이는 'humanoid 로봇'이 1986년에 일본 혼다에서 출현하여 2000년대에는 '아시모'라는 이름으로 사람과 같이 자연스럽게 걷는 로봇으로 발달되었다. 2016년에 소피아를 비롯한 인공지능로봇이 본격적으로 출현되어 향후 로봇은 인간의 삶에 깊이 들어와 함께 할 전망이다. **그림 13.1**에 로봇의 발달사를 나타내었다.

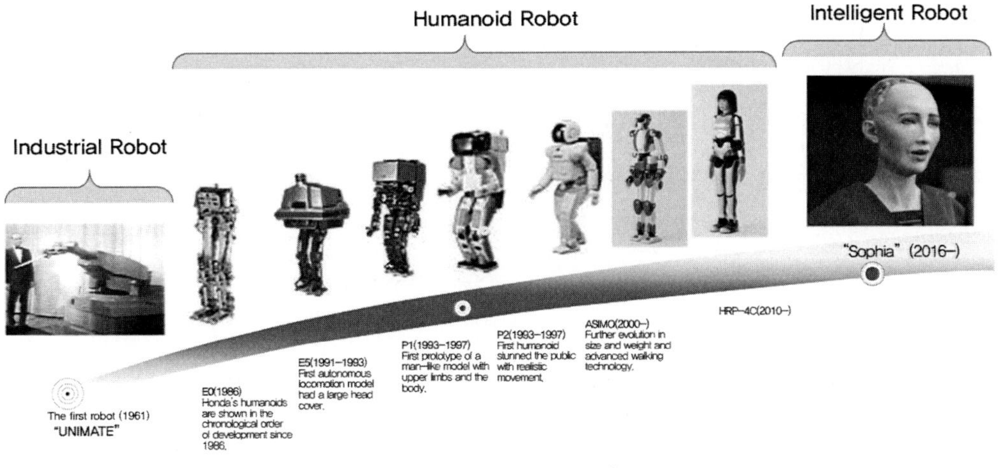

그림 13.1 로봇의 발달사[1]

13.2 3D 프린팅 기술 응용

(1) 3D 프린터 로봇 팔

6방향으로 자유롭게 돌고 움직일 수 있는 3D 프린터용 로봇팔이 개발되어(**그림 13.2**) 더욱더 복잡한 형상이나 구조의 제품을 프린팅할 수 있게 되었다.

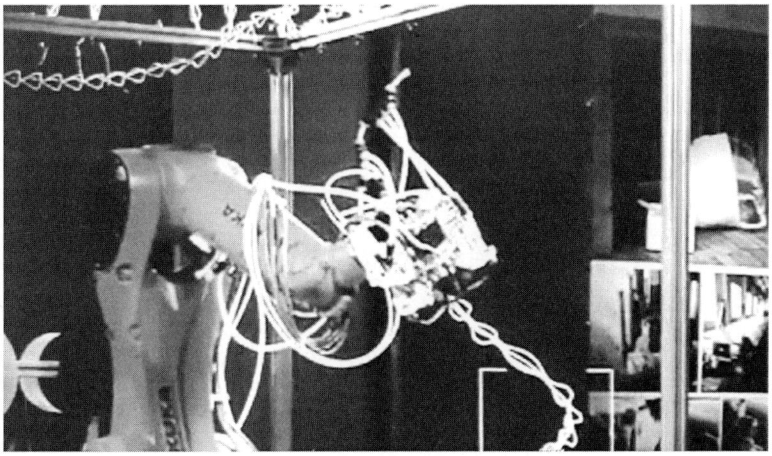

그림 13.2 로봇팔 3D 프린터[2]

(2) 로봇핸즈(Robot hands)

산업용뿐만 아니라 3D 프린터를 이용하여 "로봇핸즈"를 만들어 기존의 의수로 구현할 수 없었던 섬세함과 자연스러움을 나타낼 수 있었다. 손목과 팔로 움직임을 조절하여 정밀하고 자연스러운 움직임을 하는 인공 손가락을 3D 프린터로 제작하여, 2011년 사고로 손가락을 잃은 환자에게 미국 오스틴 소재 텍사스 대학 '리뉴 로보틱스 랩(ReNeu Robotics Lab)' 소속 과학자들이 3D 프린터로 만든 재활훈련용 외골격 '로봇핸즈'를 2016년에 개발하여 장착하였다. 3D 프린터를 사용하여 가격이 저렴할 뿐 아니라 각 손가락은 케이블로 연결되어 있으며 자유롭게 손목 관절과 손가락을 움직일 수 있게 함으로써 섬세한 동작도 할 수 있게 되었다.

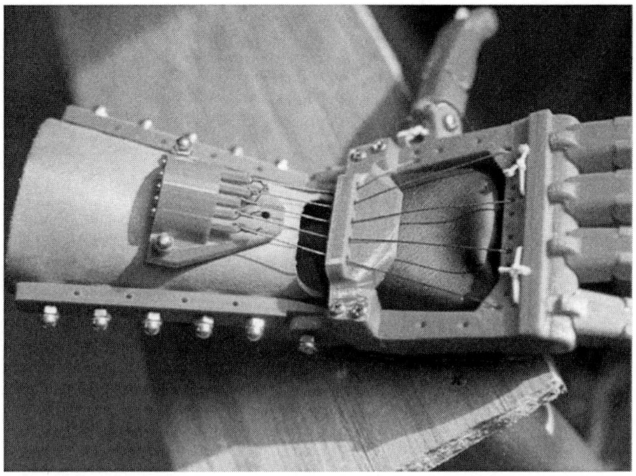

그림 13.3 로봇핸즈[3]

(3) 마키(MAKI)

3D 프린팅 기술은 로봇산업에 활동되어 소비자가 저렴하게 3D 프린터를 이용하여 부품을 출력하여 조립하며 로봇을 제작할 수 있게 하는 로봇 'MAKI'(**그림 13.4**)라고 미국의 헬로 로봇 킥스타터(kickstarter) 프로젝트의 결과이다.

이 프로젝트는 학생이나 로봇에 취미를 가진 사람들이 좀 더 저렴하게 로봇을 만들어 볼 수 있도록 기획되어 디자인과 구동용 부품만을 제공하는 것이 특징이다. 그 밖에 다

그림 13.4 MAKI[4]

른 부품은 3D 프린터를 이용해 직접 출력해야 하며, 이 프로젝트에서는 출력용 재료와 디자인, 그리고 조립 가이드만 제공하기 때문에 비용이 대폭 절감되어 실제 구동 가능한 로봇을 300달러 정도에 만들어 볼 수 있도록 하였다. 조립된 로봇은 여섯 개의 모터가 내장되어 눈과 눈꺼풀, 목이 움직인다. 기본적인 프로그램은 오픈소스 프로그램을 이용해 간단히 얼굴을 인식하거나 물체를 인지하거나 음성 인식 및 테스트를 읽어주는 용도로 사용 가능하다. 아직은 초기단계이겠지만 3D 프린터를 이용해 부품을 제작, 조립하고 판매자는 디자인만 판매한다는 아이디어가 실현되는 날이 머지않아 보인다.

(4) mobil 로봇

정교하고 자연스럽게 움직이는 로봇에 3D 프린팅 기술이 도입되기 시작하여 따로 부품을 만들어 조립하는 것이 아니라 바로 한 번에 찍어서 움직이는 로봇을 제조하였다. **그림 13.5**에 보는 바와 같이 6개의 다리를 가지고 모터와 배터리만 연결하면 스스로 걷는 로봇을 제조하였는데 로봇 내부에 12개의 유압펌프를 한 번에 3D 프린팅하였다. 이를 프린팅하기 위하여 액체와 고체를 번갈아 가면서 8개의 재료를 사용하여 프린트하는 방식으로 제조시간은 22시간이었다.

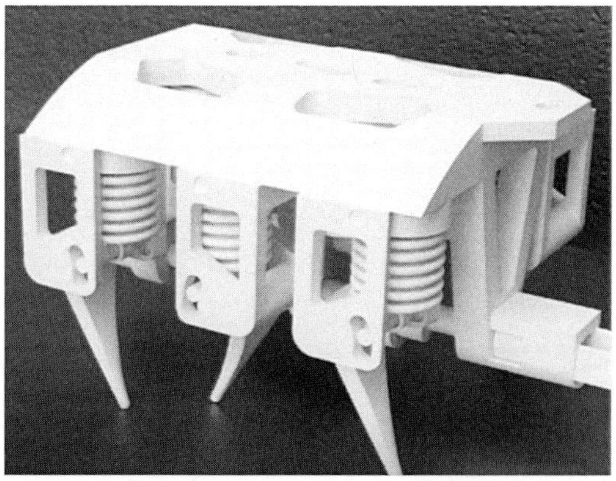

그림 13.5 3D 프린터로 제작된 로봇[5]

Brigham Young University는 세계 최소형인 3D 프린터를 개발하여 100㎛ 이하의 제품출력이 가능하게 되어 많은 마이크로 로봇 제조가 가능하게 하였다. 이러한 기술의 발달로 조그맣고 움직이는 곤충 모양의 로봇이 출현되었다.(**그림 13.6**)

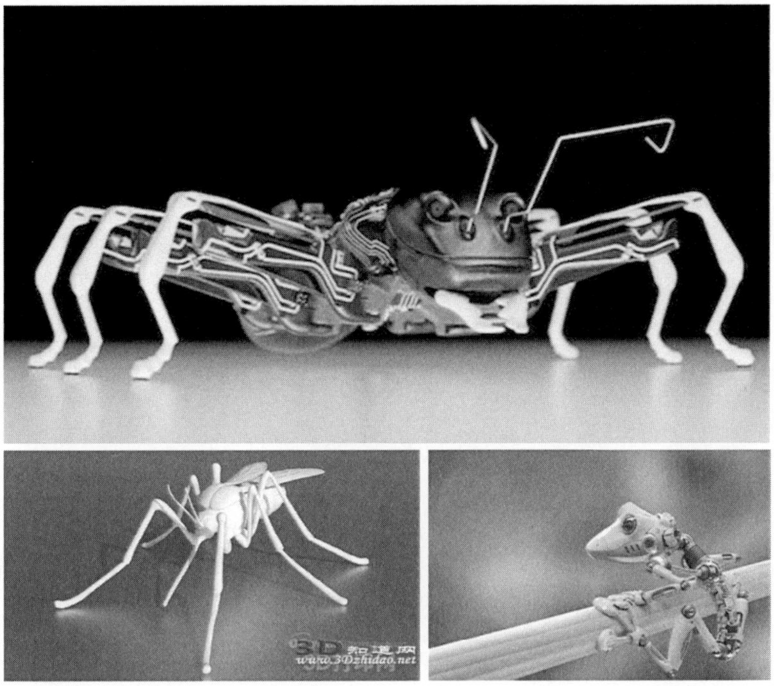

그림 13.6 곤충로봇[6]

(a) 모빌 마이크로봇(mobil microbot)

로봇 기술 발달은 더욱 더 작게(1㎜보다 작게 1㎛보다 크게) 제조하여 작동하게 하려는 연구를 하였는데 원리는 다음과 같다.

1) 음향작동: 마이크로봇이 소리의 진동에 의한 소리생성 압력에 의하여 작동하게 하는 원리

2) 화학적 작동: 마이크로봇 안에 화학모터가 있어 마이크로버블에 의하거나 화학적 구배를 이용하여 추진력을 얻는 원리

3) 바이오하이브리드 디자인: 박테리아, 근육세포를 자기력이나 온도 등을 변화시켜 원격조종을 할 수 있는 인공조직에 살아있는 세포의 에너지와 동력을 접목시켜 움직이는 원리

4) 광학적 작동: 레이저에 의하여 가열되면 고무가 수축되고 탄성에 의하여 늘어나면서 움직이는 원리

5) 자기력 작동: 자기력에 의하여 작동하는 원리

음향작동, 화학적 작동, 바이오하이브리드, 디자인에 의한 작품의 광학적 작동 등의 여러 가지로 연구되고 있는데 이 중 자기력에 의하여 작동하는 것이 가장 보편적으로 연구되고 있다. 이유는 사람 몸 속에 들어갔을 때 안전하다는 이유가 가장 큰 이유이다. **그림 13.7**에 끝에 달린 2개의 직육면체에 자석분말이 여러 가지 방향으로 배열되어 있어 여러 방향으로 움직임이 가능한 마이크로봇을 개발하였다. 이러한 정밀함을 위하여 3D 프린팅 기술로서 수 ㎛ 크기의 작고 정밀한 로봇을 만들 수 있다.

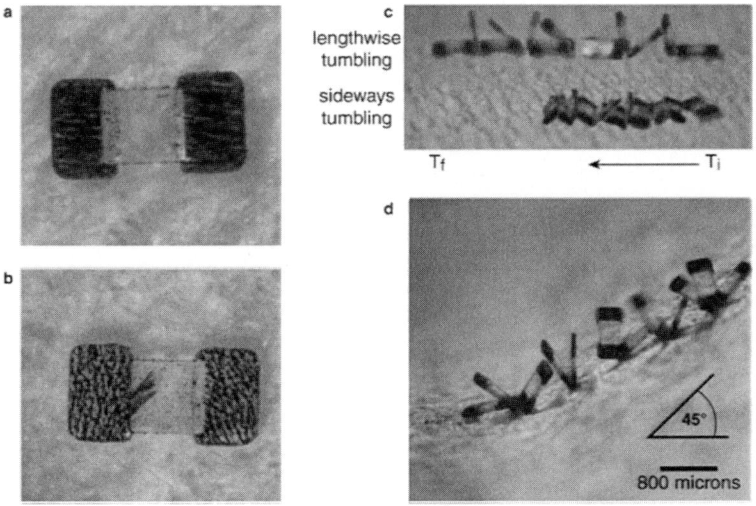

그림 13.7 **곤충로봇**[7]

이와 같은 연구는 사람 몸속에서 정확히 약물을 전달하여 주는 로봇 및 더욱 더 발달하여 의료 분야에 활용할 것으로 생각한다.

(b) Soft Robot

프린팅 소재가 계속 발달되어 부드러운 재료로 자유자재로 움직이는 문어 로봇을 3D 프린터로 제조하였다. (**그림 13.8**)

그림 13.8 문어 로봇[6]

소셜미디어 업체 페이스북은 최근 생명공학, 재료공학, 기계공학 등을 종합하여 동물과 비슷하게 움직이는 차세대로봇을 개발하고 있으며 하버드 대학 연구팀은 소프트 로봇 개발에 박차는 가하고 있다.(**그림 13.9**) 실제와 비슷한 움직임을 나타내는 물고기 형상의 로봇을 3D 프린터로 제조하였다.(**그림 13.10**)

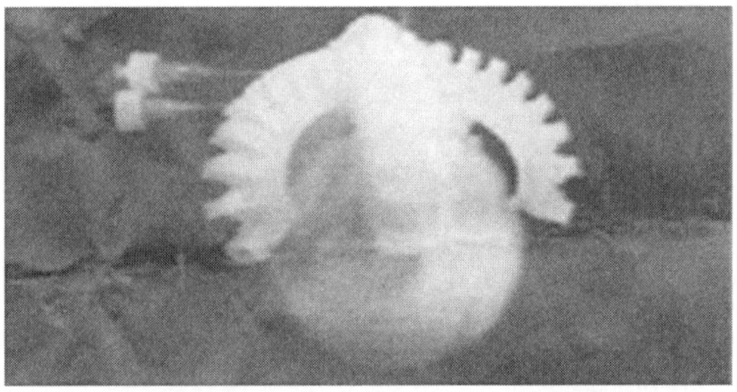

그림 13.9 테니스 공을 들고 있는 로봇[6]

그림 13.10 물고기 로봇[7]

Harvard University 팀은 또한 cell 3D printing 기술을 개발하여 빛에 반응하는 물고기를 제작하였다.

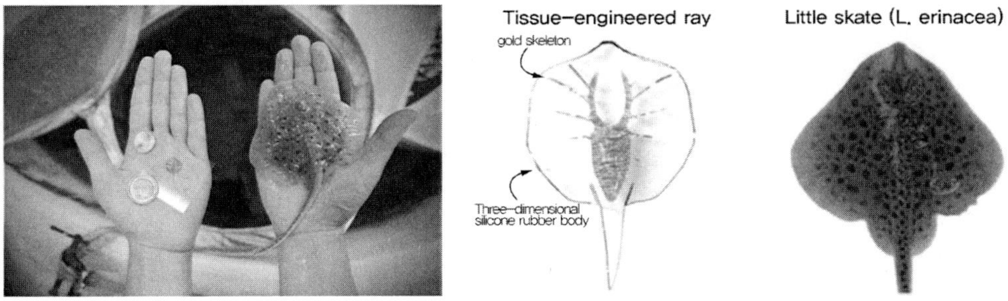

그림 13.11 빛에 반응하는 물고기 로봇[8]

이와 같은 기술의 발달은 인공지능 로봇에의 자연스러움을 나타내기 위하여 조금 더 실물과 흡사하게 하려는 방향으로 계속되었다.

13.3 인공지능 로봇

향후 AI(인공지능) 로봇산업의 확대로 인하여 로봇에 자연스러움을 표현하기 위해 3D 프린팅 기술을 접목하려는 개발이 이루어지고 있다. 인공지능 로봇은 지능뿐만 아니라 표정이나 외부도 사람과 비슷하게 자연스러움을 나타내게 하기 위하여 개발 중이다.

홍콩의 '리키 마'란 이름을 가진 한 산업 디자이너가 3D 프린터를 이용해 헐리웃 여배우 '스칼렛 요한슨'의 모습을 지닌 로봇 '마크 1'을 개발했다. '마크 1'은 아직 완성된 것이 아닌 테스트용 로봇으로 몸 대부분이 3D 프린터를 이용해 제작됐으며 실제 사람 피부와 유사한 실리콘으로 제작하였다. 마크 1은 질문에 간단한 대답을 하고 표정을 짓는 등 리액션도 취한다.

그림 13.12 '마크 1'[9]

아직은 매우 어설픈 수준이지만, 만약 '마크 1'에 IBM왓슨 등 자연어를 이해하고 처리하는 인공지능(AI)이라도 탑재되어 대량생산, 혹은 3D 프린터의 대중화로 이상형의 모습을 갖춘 로봇의 자가 생산이 가능해질 수 있을지도 모른다. 2017년에 '소피아'라는 인공지능 로봇이 개발되어 인공지능 로봇은 인간과 같이 살 날이 멀지 않은 듯하다.

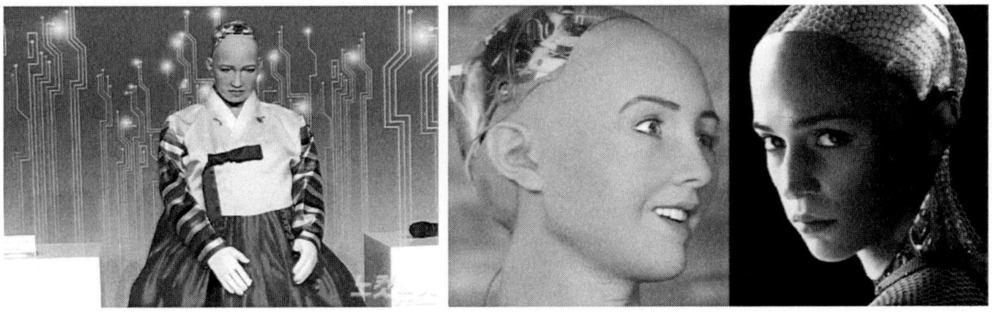

그림 13.13 '소피아' 인공지능 로봇[10]

13.4 3D 프린팅용 인공지능 로봇용 인조피부

앞에서 소개한 마크 1이나 소피아 같은 인공지능 로봇은 사람과 같이 자연스러움을 인식시키기 위해서 외관으로 나타나는 인조피부의 개발이 중요하다. 외관의 모습이 인간과 유사하고 느낌 또한 유사하여야 인간과 함께 사는 로봇의 출현이 가능하다. 인간의 피부구조를 보면 **그림 13.14**에 나타내었듯이 진피와 표피로 구성되어 있어 '김'은 로봇용 피부를 인간의 피부와 비슷하게 제조하기 위하여 진피부분은 발포체로 표피부분은 TPU(열가소성 폴리우레탄)와 Keratin의 복합체의 sheet로 구성하여 개발하였다.[11]

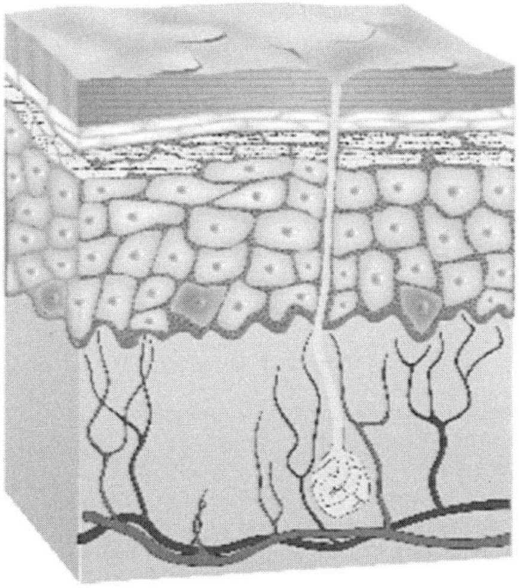

그림 13.14 인간피부 구성

이는 **그림 13.15**에 나타낸 바와 같이 폴리우레탄은 연질과 경질 부분이 함께 존재하므로 피부와 매우 흡사한 재료이고 여기에 머리카락에서 추출한 keratin을 포함시키면 감성적으로 피부와 같은 효과를 지닐 수 있다. **그림 13.16**에 인간피부와 인조피부를 비교하여 동적마찰계수와 접촉각을 비교하여 보았다.

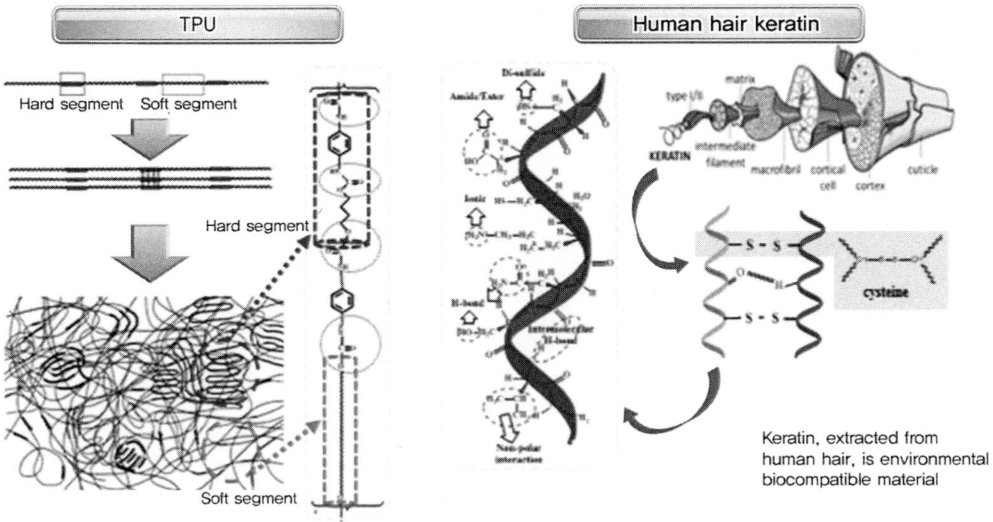

그림 13.15 폴리우레탄의 구조와 케라틴의 구조

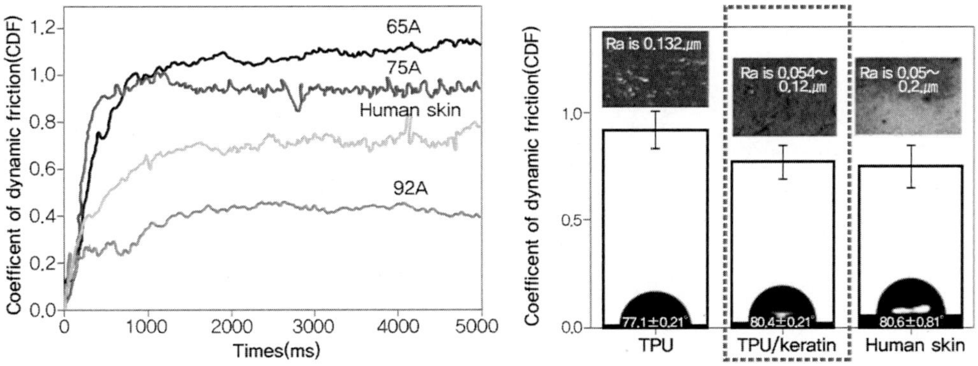

그림 13.16 인조피부와 인간의 피부의 특성 비교

FDM 방식의 3D 프린터를 사용하여 폴리우레탄 소재로 **그림 13.17**과 같은 팔뚝을 프린팅하였다.

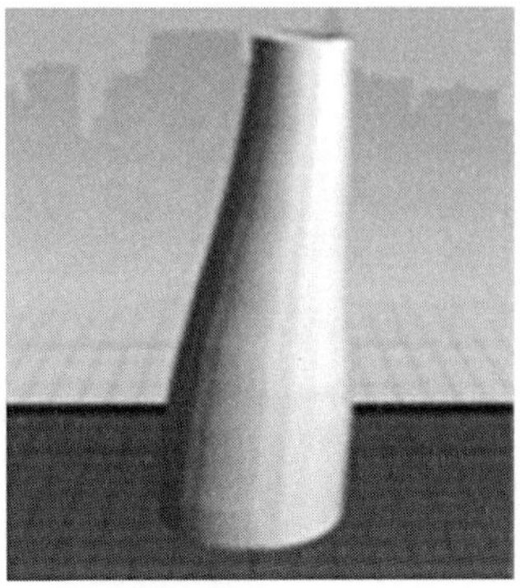

그림 13.17 폴리우레탄/케라틴 복합소재 3D 프린팅 인조피부

그림 13.14에 나타낸 것처럼 인간피부는 Epicdermis와 Dermis 부분으로 구성되어 인조피부도 유사하게 제조하기 위해서는 **그림 13.18**에 나타낸 바와 같이 TPU–발포체(TPU–form)와 TPU 무발포체(TPU–unform)의 2층(double layer)으로 구성해야 한다.

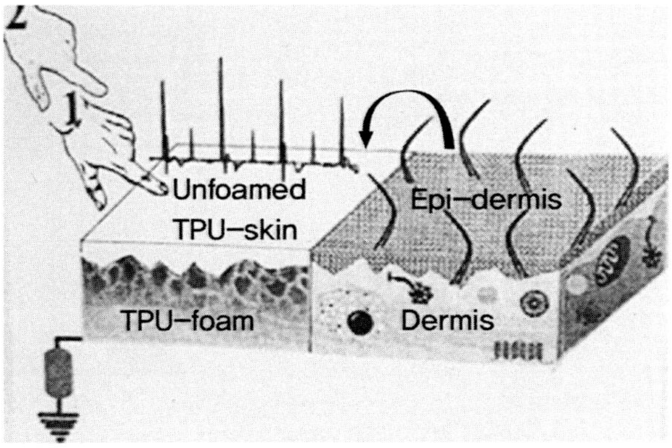

그림 13.18 인조피부와 인간피부의 구성[12]

이와 같이 인간의 피부구조와 기능은 탄력성 등 복잡하기 때문에 탄력성을 나타내기 위하여 김연구팀은 개발을 계속하여 2019년에 실리콘 수지를 사용하였다.

실리콘 고무는 인간피부와 유사한 특성을 나타내기 때문에 인조피부제조에 많이 사용되었지만 김연구팀은 SLA 방식을 통하여 실리콘 고무를 이용한 인조피부를 개발하였다. **그림 13.19**에 제작과정을 나타내었으며 **그림 13.20**에 제작된 인조피부와 인간피부를 비교하여 비슷한 결과를 확인하였다.

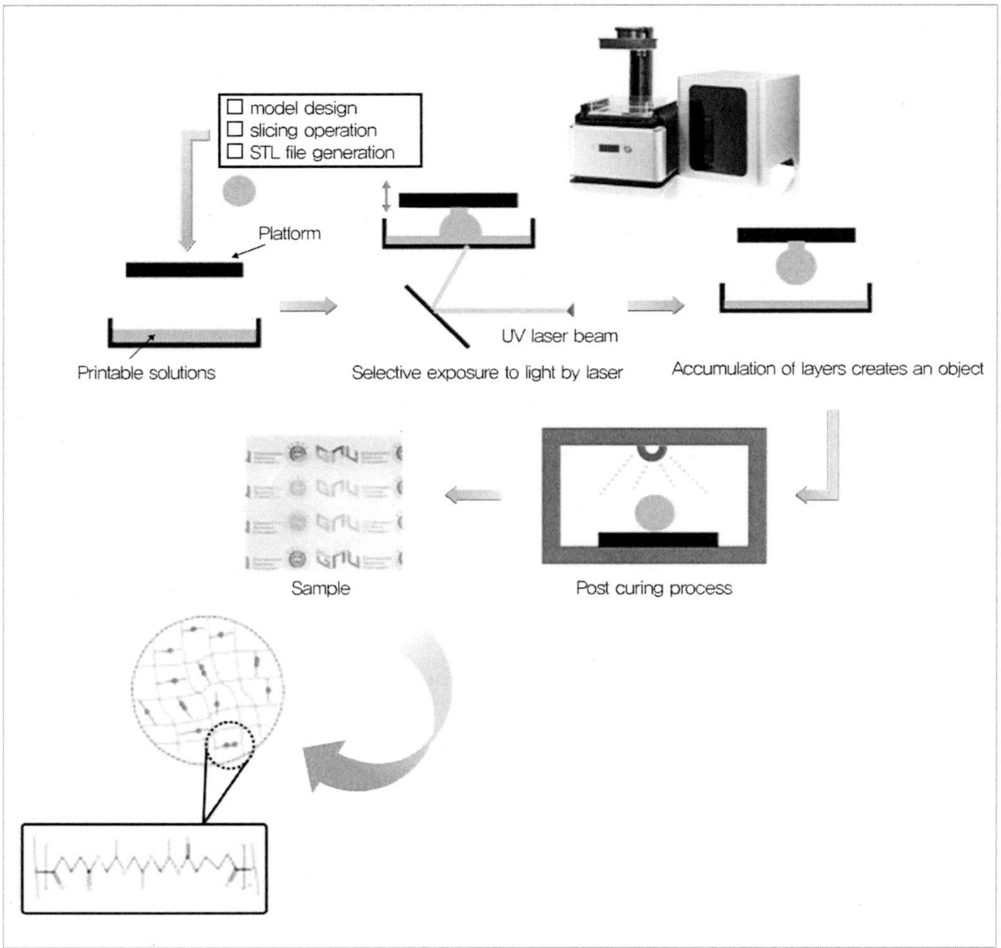

그림 13.19 SLA 방식을 통한 인조피부 제작과정[13]

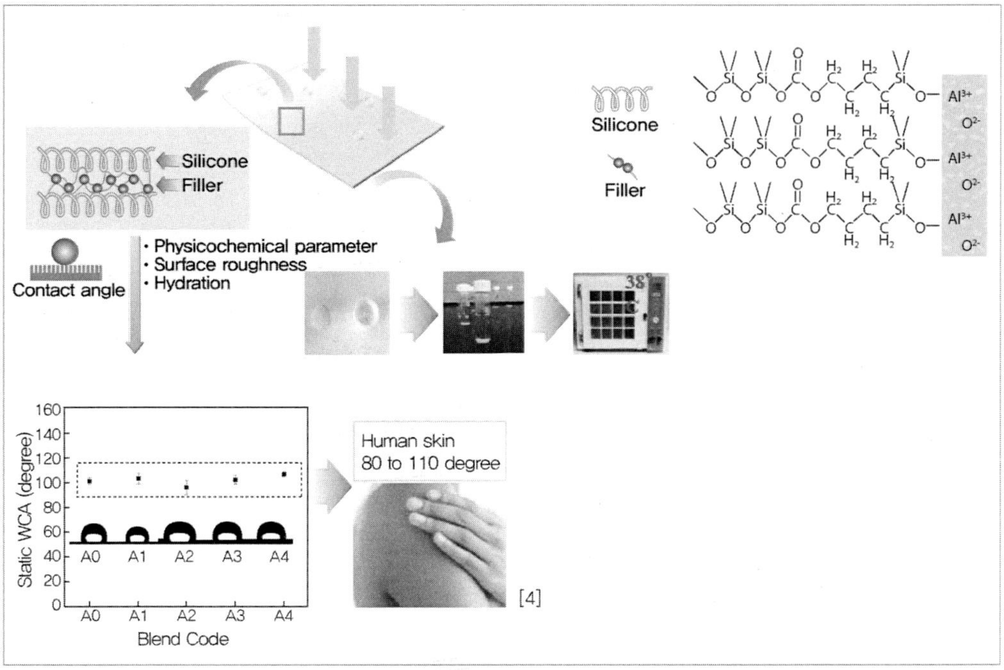

그림 13.20 Silicone 인조피부와 인간피부의 특성 비교[13]

참고문헌

1. http://technofuture.canalblog.com/archives/2014/08/05/29758592.html
2. http://www.nanjixiaong.com
3. https://www.techworld.com/picture-gallery/tech-innovation/5-top-uses-of-3d-printing-3666509/
4. https://www.kickstarter.com/projects/391398742/maki-a-3d-printable-humanoid-robot
5. www.csall.mit.edu
6. http://www.3Dzhidao.net
7. https://www.americanscientist.org/article/tumbling-microrobots-for-future-medicine
8. http://www.qore.com/noticias/50270/El-robot-mantarraya-el-precursor-de-los-robots-biologicos-del-futuro
9. http://ilyo.co.kr/?ac=article_view&entry_id=175614
10. https://nocutnews.co.kr/news/4915070
11. https://kr.123rf.com/stock-photo
12. H. Li, J. Oh, T.K. Sinha, J.K. Kim, APPLIED MATERIALS & INTERFACES (2018)
13. D. Zhang, Ph.D. Dissertation, Gyeongsang National Univ. (2020)